国家自然科学基金项目（批准号：51378361）资助

大城市

公共服务设施分布的社会绩效评价和分析

以上海中心城区为例

唐子来　程鹏　著

中国建筑工业出版社

前　言

我国大城市正在经历着社会阶层分化和社会空间极化的"双重过程"，社会公平正义已经引起各级政府和社会各方的广泛关注，基本公共服务均等化则是关注重点。《国家基本公共服务体系"十二五"规划》指出，建立健全基本公共服务体系和促进基本公共服务均等化是构建社会主义和谐社会和维护社会公平正义的迫切需要。

社会公平和社会正义是两个层面的发展理念。在第一层面上，社会公平理念注重人人享有平等的基本公共服务水平；在第二层面上，社会正义理念强调基本公共服务应当向特定的社会弱势群体倾斜。城市规划对于公共服务资源的空间配置产生决定性影响，无疑是与社会公平正义理念密切相关的公共政策领域。

本书试图建立大城市公共服务设施分布的社会绩效评价和分析的方法体系，并对上海市中心城区进行案例研究。城市基本公共服务设施可以分为三种类型：一是依托固定网络提供的公共服务，本书以轨道交通网络为例；二是依托开放空间提供的公共服务，本书以公共绿地为例；三是依托固定设施提供的公共服务，本研究以公共医疗设施为例。

考察公共服务设施分布的社会公平绩效和社会正义绩效分为两个视角，包括社会绩效的总体水平评价和社会绩效的空间格局解析。基于基尼系数和份额指数，分别对上海市中心城区轨道交通网络、公共绿地和公共医疗设施分布的社会公平绩效和社会正义绩效进行总体水平评价；采用区位熵方法，对社会公平绩效和社会正义绩效的空间分布格局进行解析。

轨道交通网络、公共绿地和公共医疗设施分布的社会绩效评价和分析具有异同之处。各类公共服务设施的社会公平绩效关注公共服务设施分布和全体常住人口分布的空间匹配状况，并以基尼系数作为社会公平绩效的表征，具有一定程度的可比性；各类公共服务设施的社会正义绩效关注公共服务设施分布和特定需要群体分布的空间匹配状况，而各类公共服务设施的特定需要群体是不同的，因而不具有可比性。

　　需要指出的是，在城市公共服务设施分布的社会绩效评价和分析领域，依然存在许多值得探讨之处，这也正是未来研究工作需要重点关注的。对于社会公平正义的内涵并未达成共识，城市公共服务设施分布的社会绩效也始终是一个充满争议的开放性议题，本书为公共服务设施分布的社会绩效评价和分析提供了一个方法体系，有助于同一城市的历时性演化研究和不同城市的共时性比较研究。

目　录

第一部分

绪论和文献综述

第二部分

上海中心城区轨道交通网络分布的社会绩效
评价和分析

第三部分

上海中心城区公共绿地分布的社会绩效评价和分析

第四部分

上海中心城区公共医疗设施分布的社会绩效评价和分析

第五部分

结论和讨论

第一部分

1

绪论和文献综述

绪论

文献综述

第1章

绪论

1.1 研究背景和意义

市场化改革以来，伴随着经济的高速发展，我国也经历了急剧的社会结构变迁，社会学家称为"转型时期的中国社会分层"，与之伴随的是社会贫富差别不断扩大。国际上通常用基尼系数来定量测度一个国家或地区的社会结构极化状况。在改革开放初期，1979 年世界银行的调查数据表明，中国城乡居民家庭人均收入的基尼系数是 0.33，而城市居民家庭人均收入的基尼系数仅为 0.16（李强，2010）。根据国家统计局发布的相关信息，2012 年中国居民收入分配的基尼系数达到 0.474，尽管近年来呈现总体下降的趋势，但 2016 年仍高达 0.465，超过国际社会公认的警戒线。尽管不同来源的数据之间存在差异，总体而言中国经历了贫富差距迅速扩大的过程。

我国城乡之间和区域之间的社会贫富差别已经广为人知，而城市内部的社会阶层分化也应当引起足够的关注。一方面，城市化进程中大批农民涌入城市务工，并且长期定居下来，成为城市社会中数量庞大的弱势群体。另一方面，在市场化进程中被边缘化的城市居民也形成了相当规模的弱势群体。

同样值得关注的是，我国大城市社会阶层分化具有明显的空间属性，可以称为城市社会空间极化。一方面，低收入阶层越来越集聚在城市边缘地区。其一，大规模的旧区改造和市政基础设施建设导致大批低收入阶层被动迁到城市边缘地区；其二，城市边缘地区的大规模工业园区建设和旧村的廉价出租房吸引了大量的外来农民工；其三，土地价值较低的城市边缘地区也是地方政府建设保障性住房的首选区位。另一方面，市场导向的旧区改造导致新建商品住房价格飞速上涨，中低收入阶层已经没有能力购买或租赁中心地区的商品住房，城市中心地区越来越成为中高收入阶层的主导地区。在"选择性更新"过程中，城市中心地区中尚未改造地块往往是人口密度高和开发收益低的街区，随着居住环境的年久失修和收入较高阶层的陆续迁出，逐渐成为城市低收入阶层和外来农民工不断积淀的"孤岛"。可见，我国大城市正在经历着社会阶层分化和社会空间极化的"双重过程"，越来越多的城市低收入阶层和外来务工人员正面临着社会地位和空间区位的"双重边缘化"（唐子来，2016）。

根据联合国开发计划署发布的《中国人类发展报告2016》，1949年以来，中国实现包容性发展所进行的社会实践可以分为三个时期。在改革开放前的计划经济体制下，我国长期以国家的强制力推行平均主义政策，在收入分配上体现结果公平观，在收获公平的同时牺牲了效率。改革开放后，1993年的《中共中央关于建立社会主义市场经济体制若干问题的决定》首次明确了"效率优先、兼顾公平"的收入分配制度，有效推动了我国市场经济体制的建立和现代化发展进程。进入21世纪以来，在经济高速发展的同时，日益显著的社会贫富差距已经引起人们高度关注。

2005年中共十六届五中全会提出，要更加注重社会公平，使全体人民共享改革发展成果；2012年中共十八大提出，必须坚持维护社会公平正义，逐步建立以权利公平、机会公平、规则公平为主要内容的社会公平保障体系，初次分配和再分配都要兼顾效率和公平，再分配要更加注重公平。2012年发布的《国家基本公共服务体系"十二五"规划》指出，建立健全基本公共服务体系和促进基本公共服务均等化是构建社会主义和谐社会和维护社会公平正义的迫切需要。基本公共服务指建立在一定社会共识基础上，由政府主导提供的、与经济社会发展水平和阶段相适应、旨在保障全体公民生存和发展基本需求的公共服务。享有基本公共服务属于公民的权利，提供基本公共服务是政府的职责。2014年发布的《国家新型城镇化规划（2014—2020年）》提出，以人为本和公平共享作为首要发展原则，要求促进人的全面发展和社会公平正义，使全体居民共享现代化建设成果。

2017年10月，中共十九大强调，中国特色社会主义进入新时代，我国社会主要矛盾已经转化为人民日益增长的美好生活需求和不平衡不充分的发展之间的矛盾，要着力解决好发展不平衡不充分问题，更好满足人民在经济、政治、文化、社会、生态等方面日益增长的需要，更好推动人的全面发展和社会全面进步。2017年国务院发布的《"十三五"推进基本公共服务均等化规划》再次强调，基本公共服务均等化是指全体公民都能公平可及地获得大致均等的基本公共服务，其核心是促进机会均等，重点是保障人民群众得到基本公共服务的机会，而不是简单的平均化。

基于社会公平正义理念的包容性发展也是国际社会的关注焦点。2016年10月联合国第三次住房与城市可持续发展大会通过的《新城市议程》指出：我们的共同愿景是人人共享城市，即人人平等使用和享有城市和人类住区，我们力求促进包容性，并确保今世后代的所有居民，不受任何歧视，都能居住和建设公正、安全、健康、便利、负担得起、有韧性和可持续的城市和人类住区，以促进繁荣、改善所有人的生活质量。

社会公平正义是 1970 年代以来西方政治哲学（Political Philosophy）的核心议题，社会公平和社会正义是两个层面的发展理念。在第一层面上，社会公平理念是建立在各个社会群体的能力（Abilities）和需要（Needs）相同的基础上，因而强调人人享有平等的基本公共服务水平。在第二层面上，社会正义理念是建立在各个社会群体的能力和需要不同的基础上，强调基本公共服务应当向特定的社会弱势群体倾斜，因而是更具有进步（Progressive）意义的社会发展理念。

城市规划对于公共服务资源的空间配置产生决定性影响，无疑是与社会公平和正义理念密切相关的公共政策领域。应对社会公平正义的时代议题，在大城市社会空间分异不断加剧的背景下，基本公共服务设施分布需要建立基于社会公平和正义理念的绩效评价方法，但国内学术界尚未形成令人满意的研究成果。

尽管传统的城市公共服务设施规划遵循社会公平的理念，采用人均指标（或千人指标）和服务半径，试图确保基本公共服务设施分布达到社会公平的目标，但这是建立在城市社会空间均质性的基础上，缺乏对于公共服务设施分布和常住人口分布的"空间匹配"（Spatial Match）状况进行绩效评价的有效方法。在城市社会空间越来越异质化的背景下，社会正义理念提倡基本公共服务设施的空间配置应当向特定社会群体倾斜，不仅要求改变基于人均指标的传统规划理念，也需要建立基本公共服务设施分布和特定社会群体分布的"空间匹配"状况进行绩效评价的方法。因此，基于社会公平和正义理念的城市基本公共服务设施分布的社会绩效评价和分析方法既是具有科学意义的研究课题，也是国民经济和社会发展中迫切需要解决的关键问题。

1.2　研究框架

Ottensmann（1994）将城市公共服务分为三种基本类型：一是不依赖固定设施的公共服务，如失业保障服务等；二是依托固定网络提供的公共服务，如街道网络和公共交通网络等；三是依托固定设施提供的公共服务，如公园或图书馆等。依据

2012年发布的《国家基本公共服务体系"十二五"规划》，基本公共服务范围一般包括保障基本民生需求的教育、就业、社会保障、医疗卫生、计划生育、住房保障、文化体育等领域的公共服务，广义上还包括与人民生活环境紧密关联的交通、通信、公用设施、环境保护等领域的公共服务，以及保障安全需要的公共安全、消费安全和国防安全等领域的公共服务。基本公共服务体系指由基本公共服务范围和标准、资源配置、管理运行、供给方式以及绩效评价等所构成的系统性、整体性的制度安排。

在此基础上，本研究将城市基本公共服务设施分为三种类型：一是依托固定网络提供的公共服务，包括道路网络、交通网络和市政设施网络等，本研究对象是轨道交通网络；二是依托开放空间提供的公共服务，包括公园绿地、广场和其他绿地等，本研究对象是公园绿地；三是依托固定设施提供的公共服务，包括医疗、教育、文化、体育、养老等公共服务设施，本研究对象是公共医疗设施。

Rawls（2001）再次重申了正义的两个原则：第一个原则是平等自由的原则，每个人都当然地拥有其他所有人都拥有的平等的基本自由；第二个原则是机会平等原则和差别原则的结合，明确社会和经济的不平等应满足两个条件：其一，在机会平等条件下职务和地位向所有人开放；其二是差别原则，要适合社会最少受惠者的最大利益。第一个原则优先于第二个原则，而第二个原则中机会平等原则优先于差别原则。

本研究对于基本公共服务设施分布的社会绩效进行考察，包括社会公平和社会正义两个层面。在第一层面上，社会公平建立在各个社会群体的能力（Abilities）和需要（Needs）是相同的基础上，因而强调人人享有平等的基本公共服务水平；在第二层面上，社会正义则关注到各个社会群体的能力和需要是不同的，提倡基本公共服务应当向特定的社会弱势群体倾斜。无论是考察社会公平绩效还是社会正义绩效，都包含社会绩效的总体水平评价和社会绩效的空间格局解析。

综上所述，研究框架可以归纳为三个组成层面（图1-1）：其一，本研究的城市基本公共服务设施分为三种类型，包括网络型、空间型和设施型的公共服务设施，本研究分别针对轨道交通网络、公园绿地和公共医疗设施；其二，基本公共服务设施分布的社会绩效分为两个层面，包括社会公平绩效和社会正义绩效；其三，考察社会绩效分为两个视角，包括社会绩效的总体水平评价和社会绩效的空间格局解析。

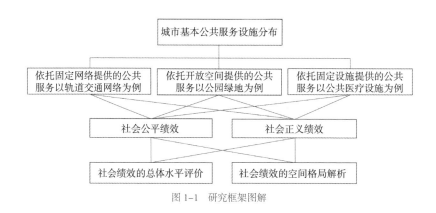

图 1-1   研究框架图解

1.3   时空范畴

由于公共设施分布和居住人口分布的空间匹配需要采用每隔十年进行的全国人口普查的上海市数据，本研究以 2010 年（第六次全国人口普查）为主要时间断面，仅在轨道交通网络的社会公平绩效的总体水平评价中，进行了 2000 年和 2010 年的历时性比较，涉及 2000 年（第五次全国人口普查）的时间断面，以检验本研究的分析方法能够支持同一城市的历时性比较。

本研究的空间范围是上海市中心城区，并以街道 / 镇作为空间分析单元。《上海市城市总体规划（1999—2020 年）》确定的中心城区范围为外环线以内地区，但外环线以外部分地区已经形成连绵的城市建设用地。因此，本项研究范围不仅包含位于外环线以内和跨越外环线两侧的 128 个空间单元，还涉及位于外环线以外、但城市建设用地所占比例超过 50% 的 7 个空间单元，合计为 135 个空间单元，涵盖黄浦区、卢湾区（2011 年卢湾区并入黄浦区）、静安区、徐汇区、长宁区、普陀区、闸北区（2015 年闸北区并入静安区）、虹口区和杨浦的全部地域，还包含了浦东新区、宝山区和闵行区的部分地域（图 1-2）。

1.4   数据来源

常住人口和特定目标人口分布的数据来源均是 2010 年第六次全国人口普查的上海市数据，以街道 / 镇为空间单元，测算常住人口和特定目标人口的分布密度，仅在轨道交通网络的社会公平绩效的总体水平评价中涉及 2000 年第五次全国人口

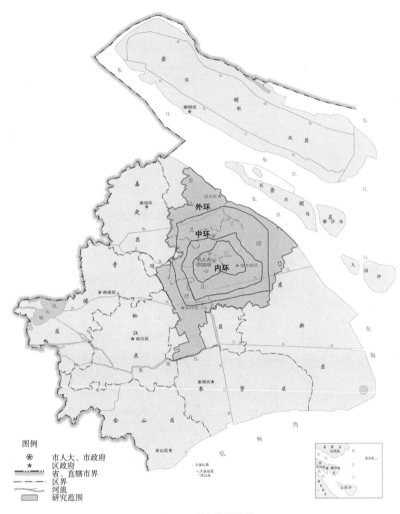

图 1-2　研究范围图示

普查的上海市数据，轨道交通网络、公园绿地、公共医疗设施分布的数据来源将在
各个相关章节中予以具体说明。

1.5　分析方法

1.5.1　公共服务设施资源水平的定量指标

考虑到本项研究目的是建立具有系统性和普适性的社会绩效评价方法，能够进行
同一城市的历时性比较和不同城市的共时性比较，因此公共服务设施资源分布的测度

方法不仅需要考虑方法本身的合理性和可操作性，而且还要关注方法应用于不同城市时的普适性和可比性。为此，采用一个空间单元内公共服务设施的有效服务面积之和与所在空间单元面积的比值作为公共服务设施资源水平的定量指标（公式1-1）。

$$LD_j = M_j / A_j \qquad \text{（公式1-1）}$$

式中：LD_j 为 j 空间单元中公共服务设施的资源水平；M_j 为 j 空间单元中公共服务设施的有效服务面积之和，即公共服务设施的资源总量；A_j 为 j 空间单元的面积。

在公共设施的有效服务面积核算中，现有研究多数采用基于 GIS 技术的空间距离可达性评价方法，包括缓冲区分析法和网络分析法等（江海燕，周春山，肖荣波，2010）。缓冲区分析法基于少量数据即可实现，具有较强的普适性，但缺陷在于以直线距离代替居民实际行走距离，与实际情况存在一定差异。网络分析法则克服了上述缺陷，但需要较为详细的现状路网的矢量数据，在现阶段国内大部分城市的相关资料尚不完善的条件下，网络分析法难以普遍应用。

1.5.2　社会绩效的总体水平评价方法

（1）社会公平绩效的总体水平评价方法

基于社会公平理念的基本内涵，社会公平绩效的总体水平评价关注公共服务设施资源分布和城市常住人口分布之间的空间匹配程度。借鉴 Delbosc 和 Currie（2011）的分析方法，本研究采用基尼系数和洛伦兹曲线作为公共服务设施分布的社会公平绩效的总体水平评价方法，因为收入分配和公共资源分配的社会公平内涵具有相似性（公式1-2）。并且，基尼系数和洛伦兹曲线可以进行同一城市的历时性比较和不同城市的共时性比较，具有普遍的应用价值。基尼系数的计算公式为：

$$G = 1 - \sum_{k=1}^{n} (P_k - P_{k-1})(R_k + R_{k-1}) \qquad \text{（公式1-2）}$$

式中：P_k 为常住人口变量的累积比例，$k=0$，$\cdots$，n，$P_0=0$，$P_n=1$；R_k 为公共服务设施资源变量的累积比例，$k=0$，$\cdots$，n，$R_0=0$，$R_n=1$。

如同测度收入分配状况，基尼系数取值在 0~1 之间。基尼系数越小，表明公共服务设施资源在全体常住人口中的空间分配越是平等，社会公平绩效也就越高；反之，表明社会公平绩效越低。洛伦兹曲线采用图解方式，表示公共服务设施资源在常住人口中的分配状况，如同表示收入分配的洛伦兹曲线，可以考察一定比例的常住人口享有一定比例的公共服务设施资源。

（2）社会正义绩效的总体水平评价方法

基于社会正义理念的基本内涵，社会正义绩效的总体水平评价关注公共服务设施资源分布和特定目标人口分布之间的空间匹配程度。本研究提出份额指数（Share Index）的评价方法，检验特定目标群体享有公共服务设施资源水平是否达到或超过全体常住人口的平均水平。

首先，测算特定目标群体享有公共服务设施资源占该资源总量的比例（公式1-3）。

$$R = \sum_{j=1}^{n} P_j \times X_j \times 100\% \qquad （公式1-3）$$

式中：$j=1，\cdots，n$，是研究范围内人口普查空间单元数量；P_j是j空间单元内特定目标群体占常住人口的比例；X_j是j空间单元内公共服务设施资源占研究范围内该资源总量的比例。

然后，基于特定目标群体享有公共服务设施资源比例和其占全体常住人口比例之比值，计算特定目标群体享有公共服务设施资源的份额指数（公式1-4）。

$$F = R/P \qquad （公式1-4）$$

式中：R是特定目标群体享有公共服务设施资源的比例；P是特定目标群体占全体常住人口的比例。份额指数F值大于1或小于1，表明特定目标群体享有公共服务设施资源份额高于或低于社会平均份额。基于社会正义理念的基本内涵，特定目标群体享有公共服务设施资源份额应当不低于社会平均份额。与社会公平绩效评价的基尼系数相似，社会正义绩效评价的份额指数也具有普适性，能够支持同一城市的历时性比较和不同城市的共时性比较。

1.5.3 社会绩效的空间格局解析方法

需要指出，基尼系数和份额指数分别评价公共服务设施资源分布的社会公平绩效和社会正义绩效的总体水平，但无法显示社会绩效的空间分布格局。为此，借鉴区位熵的方法（张建中，尉彤华，华晨，2012），解析社会绩效的空间分布格局。如公式1-5所示，各个空间单元的社会公平绩效区位熵为该空间单元内常住人口人均享有公共服务设施资源与整个研究范围内常住人口人均享有公共服务设施资源的比值，社会正义绩效区位熵为该空间单元内特定目标人口人均享有公共服务设施资源与整个研究范围内特定目标人口人均享有公共服务设施资源的比值。

$$LQ_j = (T_j/P_j) / (T/P) \qquad （公式 1-5）$$

其中，LQ_j 为 j 空间单元区位熵，T_j 为 j 空间单元中公共服务设施资源数量，P_j 为 j 空间单元中常住人口或特定目标人口数量，T 为研究范围内公共服务设施资源总量，P 为研究范围内常住人口或特定目标人口总量。如果空间单元的区位熵大于 1，表明该空间单元内公共服务设施资源的人均享有水平高于研究范围的总体水平；如果空间单元的区位熵小于 1，表明该空间单元内公共服务设施资源的人均享有水平低于研究范围的总体水平。依据各个空间单元的区位熵等级，可以考察社会绩效的空间分布格局，特别需要关注区位熵极高和极低的空间单元类型及其成因机制。

1.6   篇章结构

本书分为五个部分（表 1-1）。第一部分是绪论和文献综述，包含两个章节。第 1 章绪论阐述研究背景和意义、研究框架、时空范畴、数据来源、分析方法和篇

本书的篇章结构   表 1-1

五个部分	13 个章节	题目
第一部分 绪论和文献综述	第 1 章	绪论
	第 2 章	文献综述
第二部分 上海中心城区轨道交通网络分布的 社会绩效评价和分析	第 3 章	常住人口和轨道交通网络服务水平的空间分布格局
	第 4 章	轨道交通网络分布的社会公平绩效评价和分析
	第 5 章	轨道交通网络分布的社会正义绩效评价和分析
第三部分 上海中心城区公共绿地分布的社会 绩效评价和分析	第 6 章	公共绿地服务水平的空间分布格局
	第 7 章	公共绿地分布的社会公平绩效评价和分析
	第 8 章	公共绿地分布的社会正义绩效评价和分析
第四部分 上海中心城区公共医疗设施分布的 社会绩效评价和分析	第 9 章	公共医疗设施服务水平的空间分布格局
	第 10 章	公共医疗设施分布的社会公平绩效评价和分析
	第 11 章	公共医疗设施分布的社会正义绩效评价和分析
第五部分 结论和讨论	第 12 章	主要发现
	第 13 章	拓展讨论

章结构。第 2 章文献综述对于城市社会空间分异的研究进展、社会公平正义理念演进和基本公共服务设施分布的社会绩效评价研究进行简要回顾，为本项实证研究的理论和方法提供基础。第二部分聚焦上海中心城区轨道交通网络分布的社会绩效评价和分析，包含三个章节。第 3 章描述常住人口和轨道交通网络服务水平的空间分布格局，第 4 章和第 5 章分别对于轨道交通网络分布的社会公平绩效和社会正义绩效进行评价和分析。第三部分聚焦上海中心城区公共绿地分布的社会绩效评价和分析，包含三个章节。第 6 章描述公共绿地服务水平的空间分布格局，第 7 章和第 8 章分别对于公共绿地分布的社会公平绩效和社会正义绩效进行评价和分析。第四部分聚焦上海中心城区公共医疗设施分布的社会绩效评价和分析，包含三个章节。第 9 章描述公共医疗设施服务水平的空间分布格局，第 10 章和第 11 章分别对于公共医疗设施分布的社会公平绩效和社会正义绩效进行评价和分析。第五部分是结论和讨论，包含两个章节。第 12 章主要发现分别归纳轨道交通网络、公共绿地和公共医疗设施分布的社会绩效研究的主要发现。第 13 章拓展讨论涉及 2000 年和 2010 年轨道交通网络分布的社会绩效的历时性比较、2013 年轨道交通网络分布和就业岗位分布的空间匹配、值得探讨之处和未来研究展望。

第 2 章

文献综述

本章对于城市社会空间分异、社会公平正义理念和基本公共服务设施的公平正义绩效的研究进展进行简要回顾，为本项实证研究的理论和方法提供基础。大城市社会空间分异现象作为发展背景，社会公平正义作为发展理念，基本公共服务设施分布的社会绩效评价和分析则为相关公共政策提供研究基础。

2.1 城市社会空间分异的研究进展

城市社会空间分异（Socio-spatial Differentiation）是指城市社会要素在空间上明显的不均衡分布现象，是从社会视角研究城市空间结构（Urban Spatial Structure）的重要领域。从现代城市社会地理学对于社会空间分异的研究体系来看，城市社会空间统一体是城市社会空间分异研究的理论基础。Bourne（1971）着眼于系统理论的角度，认为城市空间结构是指城市要素的空间分布和相互作用的内在机制，使各个子系统整合成为城市系统。Harvey（1973）指出任何城市理论必须研究空间形态和作为其内在机制的社会过程之间的相互关系，城市研究的跨学科框架就是社会学科的方法（Sociological Approach）和地理学科的方法（Geographical Approach）之间建立"交互界面"（Interface）。显然，城市社会空间分异涉及社会阶层分化和空间分异两个方面，前者通常是社会学者研究的归宿之一，但地理学者则常以其为出发点，将其空间化结果作为归结。

城市社会空间分异（Differentiation）、极化（Polarisation）和隔离（Segregation）是相互关联的几个概念。Sassen（1991）对于全球城市的案例研究表明，经济全球化进程中的产业结构转型导致劳动力市场的两极分化，与产业结构转型相伴随的是贫富差别扩大和社会空间极化。随着全球城市的理论广为人知，全球范围内都展开了关于社会极化及其对城市空间影响的研究。尽管对于城市社会极化仍有质疑，但 Fainstein 等（1992）对于伦敦和纽约的研究，Hamnett（1994）对于荷兰 Randstad 地区的研究，以及 Marcuse 和 Van Kempen（2000）对于加尔各答、新加坡、东京、纽约、布鲁塞尔、悉尼等城市的研究，都支持了城市社会空间正在极化的论断。居住隔离是近现代西方城市的一大特点，指由于种族、宗教、职业、生活习惯、文化水准或财富等社会差异，特征相类似的都市居民集居在一个特定地区，不相类似的社群之间则彼此分开，产生隔离作用，有的甚至彼此产生歧视或敌对的态度。相较于极化和隔离，吴启焰（2001）认为分异不仅包含上述两个概念所表述的结果的含义，还能用于描述各社会阶层的空间社会距离变化过程，还可表述由简单到复杂或由同类到异类的发展趋势；石恩名等（2015）认为，隔离比分异表达了更加强烈的冲突性。笔者认为，城市社会空间分异是一个意义相对多元的中性词汇，城市社会空间极化可以理解为城市社会空间分异的一种类型，即伴随着社会阶层向两端集聚，中间阶层不断萎缩的过程，城市社会空间向相反两端分异程度越来越高，而城市社会空间隔离则更像是城市社会空间分异后的一种极端状态。

如果说城市社会空间分异是社会分层（Social Stratification）的空间化过程，社会学界对于社会阶层分化的研究就成为一个相关领域。传统的社会分层理论包括马克思的阶级理论、韦伯的分层理论和涂尔干的分层理论等流派，并逐步演化为新马克思主义分层理论、新韦伯主义分层理论、新涂尔干主义分层理论和功能主义分层理论。韦伯认为，社会是可以多元分层的体系，并提出了社会分层的三个基本维度，包括财富和收入（经济地位）、权力（政治地位）、声望（社会地位）。相较于马克思的阶级理论，韦伯的多元分层理论以多元标准将各个社会群体的关系交织在一起，模糊了不同社会群体之间利益分化的界限，有利于缓解和调和转型时期的社会矛盾。面对自改革开放以来社会阶层发生的重大变化，2000年前后，转型时期中国社会阶层分化逐渐成为我国社会学界的重点研究领域。梁晓声（1997）认为中国正经历由阶级快速分化为阶层的时代，并进行了阶层划分和分析。陆学艺领衔的"当代中国社会结构变迁研究课题组"（2002）认为，在当代中国社会，阶层的分化越来越趋向于表现为职业的分化，并提出了以职业分类为基础，以组织资源、经济资源和文化资源的占有状况为标准来划分社会阶层的理论框架，并勾画了当代中国社会阶层的基本形态，包括十个社会阶层和五种社会经济地位等级。十个社会阶层包括国家与社会管理者阶层、经理人员阶层、私营企业主阶层、专业技术人员阶层、办事人员阶层、个体工商户阶层、商业服务业员工阶层、产业工人阶层、农业劳动者阶层和城乡无业失业半失业者阶层。五大社会经济等级包括上层、中上层、中中层、中下层和底层。其中，中下层和底层全部或部分包含了十大社会阶层中的个体工商户阶层、商业服务业员工阶层、产业工人阶层、农业劳动者阶层和城乡无业失业半失业者阶层。根据改革以来中国社会群体利益关系的变化，李强（2004）分析了当前中国社会的四个主要利益群体，包括特殊获益者群体、普通获益者群体、利益相对受损集团和社会底层群体。

城市系统内部的复杂性不仅在于物质空间构成的复杂性，更在于人作为行为主体的活动复杂性。Bourdieu（1984）在其文化分层理论中引入了社会空间的概念，将社会的各个阶层都植入社会空间之中，正是在社会空间中各个社会阶层展现出地位分异的异常复杂的社会关系。狭义的社会空间一般是指特定社会群体的居住空间，广义的社会空间还包括日常活动所涉及的其他空间以及主观感知的空间。城市社会空间分异显然具有多元内涵，并成为我国当代城市转型的普遍特征，不少学者认为，居住的地域分隔能够大体上反映出城市社会空间的结构特征，居住空间分异是中国城市社会空间分异最为集中的体现，也是相关研究最为聚焦的领域。因而，在狭义上，社会空间分异与居住空间分异具有一定程度上的等同性。

城市社会空间分异的早期研究可以追溯到芝加哥社会学派（Chicago School of Sociology）的社会生态理论（Human Ecology），产生广泛和深远影响的研究成果是Park 等（1925）编著的《The City》一书和针对北美城市社会空间分异的三种典型模式，即 Burgess（1925）的同心圆模式（The Concentric Zone Theory）、Hoyt（1939）的扇形模式（The Sector Theory）、Harris 和 Ullman（1945）的多核心模式（The Multiple Nuclei Theory）。

1949 年 Shevky 和 Williams、1955 年 Shevky 和 Bell 开拓了城市社会空间分异的社会区分析方法（Social Area Analysis）。他们的研究以人口普查变量作为表征，采用多变量的聚类分析方法，将人口普查单元划分为不同属性的社会区，据此识别城市社会空间分异模式。从 1960 年代开始，作为社会生态学在城市地理学中的应用，因子生态分析（Factorial Ecology Analysis）被广泛地用于城市社会空间分异研究，如 1969 年 Berry 和 Rees 的 Calcutta 研究。在广泛采用计量分析方法的同时，计算机技术为大规模的城市实证研究提供了技术条件。

城市社会空间分异的实证研究往往被用来检验或建构关于城市社会空间分异的解析理论，主要分为新古典经济学派（Neoclassical Economics）和新马克思主义学派（Neomarxism），两者之间的分歧不仅在于认识现象的方法（Methodology），而且在于解析现象的理念（Ideology）。前者采用微观经济学理论来解析城市空间中的个体选址行为，后者则认为，对于个体选址行为的分析应当建立在社会结构体系的基础上，资本主义城市社会空间分异是资本主义社会矛盾的空间体现，其核心是资本主义的生产方式和资本主义生产中的阶级关系。

1970 年代初期的经济危机以后，在经济全球化进程中结构转型（Restructuring）背景下，西方国家的社会矛盾日益激化，城市中贫富差别不断扩大。Wilson（1987）认为，美国城市中贫困人口的规模增长和空间集聚，已经形成真正意义上的内城贫民区（Inner-city Ghettos）和社会底层阶级（Urban Underclass）。许多学者认为，城市贫困人口的空间集聚导致贫困人口与社会和经济主流的相互隔绝，不利于贫困人口获取发展资源和实现社会流动（Social Mobility），由此形成城市贫困地区的恶性循环。1994 年经济合作与发展组织的城市事务小组（OECD Group on Urban Affairs）表示，在过去 20—30 年中经济结构转型的城市社区影响是难以消除的，需要重新评估 1990 年代的空间规划政策。

在英国，采用更为宽泛的剥夺（Deprivation）概念，除了收入以外，还包含住房、就业、教育和社会参与等方面的弱势状况（Disadvantages），称为多重剥夺（Multiple Deprivation）。通过分析城市中多重剥夺指数的空间分异状况，为城市再生（Urban Regeneration）政策的公共资源配置提供依据。Tang 和 Batey（1996）对于 1981—1991 年期间城市政策影响下利物浦的城市空间演化（Urban Spatial Transformation）进行了详细分析。他们的研究表明，公共投资主导的内城更新带来居住条件的显著改善，与经济状况的急剧恶化形成了鲜明对比。Garewal（2006）指出，社会极化是造成空间隔离的主要原因，城市规划既要注重不同城市功能的空间混合，也要强调不同社会阶层的空间混合，并在贫困人口集聚地区提供住房、教育、就业和交通等发展资源，有效地改善他们的生存状况。Delang 和 Lung（2010）基于香港人口普查数据，采用系列回归模型，表明 1991—2001 年期间作为公共政策的城市规划（特别是新市镇建设）在缓解社会空间分异中发挥了积极作用，维护了社会的异质性和空间均匀性。

　　国内的城市社会空间分异研究始于 1980 年代后期，包括虞蔚（1986）对上海的研究和许学强等（1989）对广州的研究，这些早期研究一个显著的特点是运用了因子生态分析法等西方较为成熟的理论和方法，越过了现象描述阶段直接进入了计量和实证研究阶段。孙斌栋等（2009）回顾了 1986—2007 年之间中国城市居住空间分异研究领域的学术论文及部分代表性专著，将我国在该领域的研究划分为三个阶段。研究起步阶段（1986—1993 年），即为上述对于上海和广州的研究；在独立发展阶段（1986—1993 年），转型期中国城市居住空间分异现象逐渐凸显，实证研究的范围扩大，郑静等（1995）延续了对广州社会空间的因子生态分析，祝俊明（1995）、刘冰等（2002）对上海进行了研究，顾朝林等（1997、2003）、冯健等（2003）对北京的研究、杜德斌等（1996）对深圳的研究、吴启焰等（1999）对南京的研究、王兴中（2000）对西安的研究，以及姜巍等（2003）对乌鲁木齐的研究陆续出现；在蓬勃发展阶段（2004 年至今），研究内容的深度与广度大为拓展，实证研究覆盖了天津、武汉、成都、杭州、合肥、兰州等国内主要大城市。显然，直到今天，中国城市居住空间分异研究的这一蓬勃发展阶段仍未结束，还延续并呈现出一系列特点。

　　理论研究层面，国内的相关研究以介绍和借用西方城市社会空间研究的理论为主。唐子来（1997）较早系统地介绍了西方城市空间结构研究的理论和方法；吴启焰等（2000）认为，激进马克思主义流派的社会空间统一体理论应当是城市居住空间分异研究的理论基础，对于居住空间分异机制可以从住房市场空间分化及个体择居行为机制两个方面来理解。早期的研究即发现，中国城市社会空间分异的影响因素既不是种族隔离，也不是经济收入的高低，主要是历史因素和当时的土地功能布局及分房制度，这种有别于西方城市的特点也催生了关于"社会主义转型国家""后社会主义城市"等社会空间分异的理论研究。

　　从研究内容看，城市社会区划分只是一种相对宏观和高度概括性的分异分析，国内城市社会空间分异研究视角和内容不断丰富和细化。首先，随着第六次人口普查数据的公布，相关的历时性比较研究不断出现；其次，基于房价分异与居住分异在作用机制和空间格局上表现出显著的关联耦合特征的认识，以住宅价格、租赁价格或产权分布为视角的研究也陆续展开；此外，有关特殊群体和特殊地域的居住空间分异研究也大量涌现，特殊群体包括低收入群体、老龄人口、中产阶层和外来人口等，特殊地域包括特定类型的城市，如资源型城市和民族构成相对复杂的城市，以及特定类型的城市区域，如城市核心区、郊区和开发区等。

　　值得注意的是，在住房市场空间分化的背景下，城市低收入阶层在住房选择上处于明显的劣势地位，其居住空间分异的情况引起了众多学者的关注。陈果等（2004）、刘玉亭（2005）对南京的城市贫困空间进行了调查和分析；吕露光（2004）、袁媛等（2008）、胡晓红（2010）分别研究了合肥、广州和西安的城市贫困空间分布。借鉴英国在城市社会空间分异领域的剥夺指数研究，袁媛等（2009）以广州为主要案例，从城市宏观层面和个体微观层面，分析了转型时期我国城市贫困和城市剥夺的空间模式及其形成原因。他们发现，城市贫困和剥夺具有在内城区重合、外围区分离的空间模式，由于计划经济时代和转型时期的城市住房、建设和更新等空间政策的共同作用，直接导致了户籍贫困人口和外来农民工的生活状况差异，进而产生了不同于西方城市特征的中国城市贫困和剥夺的空间模式。而早在许学强等（1989）划分广州社会区类型时，便提出根据各区特点布置不同的公共福利设施，以满足不同要求的发展对策。秦红岭（2006）则明确指出需加强城市规划作为公共政策的价值引导与宏观调控作用，处理好公平与效率的关系，抑制居住空间分异可能对社会稳定和社会公平的损害。徐琴（2008）认为在商品住房市场这只"无形的手"加剧城市社会空间极化的同时，公共住房政策这只"有形的手"发挥了"同向强化效应"而不是"逆向消减作用"，为此提出采取适度混合居住模式、居住和就业的地域平衡、公共设施的公平配置等建议。

2.2　社会公平正义理念演进

　　社会公平正义是一个具有丰富内涵的概念，关于其准确含义，历史上众多学者并未达成共识。正如博登海默（1974）所言，正义变幻无常、随时可呈不同形状，并具有极不相同的面貌。从哲学的理论高度上来看，思想家们和法学家们在许多世纪中已提出了各种各样的不尽一致的正义观点。Hayek（1973）甚至反对使用社会正义（Social Justice）这一概念，因为正义显然是一种社会现象，再为"正义"加上"社会的"定语是一种烦冗之举。汪丁丁（2012）认为，在中国传统的人治社会，出于治理者的个体正义和出于社会需要的正义之间存在差异，区分"社会"正义与"个体"正义则是必要的。

公平（Fairness）、正义（Justice）和平等（Equality）是含义相近的词。俞可平（2017）认为，现代汉语中的"公正"，更多是指"公平正义"的简称。平等是人类的基本权利之一，指的是人们享有同等的人格、资源、权利、能力和社会地位。公平则是一个程序和过程的概念，是按照相同的原则分配公共权利和社会资源，并且根据相同的原则处理事情和进行评价。正义是人类的至善和社会的首要美德，是将平等的结果和公平的程序完美结合起来的理想目标或状态。按照英文语义，Justice意为"Just Behavior or Treatment"、Fairness意为"the State，Condition or Quality of Being Fair"、Equality意为"the State of Being Equal"。Rawls（1958）提出的"公平的正义"（Justice as Fairness）理论，公平（Fairness）要求所有人都应有平等的基本自由，正义（Justice）则是要求所有人都应机会平等，"差别原则"只允许最有利于最不利者的差别存在。平等（Equality）与公平和正义的差异最大，更强调客观的均等性。尽管上述仅是现代社会中一些中外学者的观点，不难看出，社会公平正义既具有超越时间和空间的普遍价值，也具有因时空差异而不同的具体内容和实现条件，因而是一个具有时空差异的动态理念。

2.2.1　社会公平正义理念的古典与现代之分

社会公平正义的演进首先体现在古典与现代之分。Jackson（2005）对于社会正义概念的演进历史进行了综述，指出现代的公平正义概念相较于古典概念有着两重内涵差别：一方面，它是适用于一个"社会"，而不仅是个人的行为；另一方面，它是具有实质性的政治内容，建议缓解贫困和减少不平等，而不仅仅是仁爱的行动。景天魁等（2004）认为，现代的公正概念有三个层次，一是属于伦理学和价值观的层次，二是权利和制度的层次，三是社会政策的层次。自古希腊到近代资产阶级革命之前，基本上是一个伦理学和价值观概念，近代发展到权利和制度阶段，两次世界大战后基于伦理学和价值观、权利和制度，形成了社会政策和社会发展意义上的概念。

龚群（2017）梳理了西方思想史中对于正义的研究，认为最早可以追溯到《荷马史诗》，"正义"概念经历了从神话到哲学的转化过程，并包含了契约正义、应得正义和秩序正义的观念。古希腊时期，三位西方哲学的奠基者，苏格拉底（Socrates）、柏拉图（Plato）和亚里士多德（Aristotle）都展开了对于正义的讨论。在《理想国》

第一卷，柏拉图展现了苏格拉底把正义作为品格德性来讨论的正义思想，而在其后的讨论中，柏拉图则是从制度正义或政治正义的路径展开的。亚里士多德对正义的讨论从这两种路径展开，大致可以说在《尼各马可伦理学》中主要是从作为一种德性品质的层面来讨论正义，在《政治学》中则主要是从政治或政治制度层面来讨论正义，而其"正义以公共利益为依归"的命题，不仅具有伦理行为的含义，也是亚里士多德的根本政治标准。

斯多亚学派（The Stoics）的哲学是从希腊哲学到中世纪基督教神学的过渡与桥梁，西塞罗（Cicero）的自然法思想对于古罗马的法律有着重大影响，其理论与实践深远影响了现代社会，近代西方自然状态说的中心观念——人类平等的观念就源于古罗马的自然法观念。

在中世纪，宗教神学统治一切，原本世俗的正义思想披上了浓厚的神意色彩，变得十分飘忽。从整体上讲，中世纪是西方正义理论发展的"低迷时期"，因为在这一阶段"自然法"被降格为上帝的永恒法之下，"正义"与"理性"相对分离而附从于上帝的"信仰"。

在17世纪和18世纪，资本主义发展带来社会结构变迁，在追求财富增长和效率提升的同时，社会贫富日益分化，维护社会稳定和关注弱势群体成为一种风尚，自然权利说成为政治哲学的基石和核心，并伴随着正义观念的转变。这一时期，斯密（Smith）的两本著作《国富论》和《道德情操论》分别探讨的便是如何通过"利己"促进经济发展、如何通过"利他"促进人类福利，但实质是同一个核心议题，即如何使经济发展与人的进步成为一致的整体。至此，效率、正义与自由便成为紧密相关的概念。汪丁丁（2013）借鉴康德（Kant）和韦伯（Weber）的三维理解框架，将社会生活分为物质生活、社会生活和精神生活，物质生活维度的核心要素是"效率"，社会生活维度的核心要素是"正义"，精神生活维度的核心要素是"自由"。对于Rawls（1971）的《正义论》及之后的当代社会公平正义理念的考察，可以直接回溯到这一时期关于正义的思考。

（1）社会公平正义理念的三个传统

总体上，尽管各种正义理念之间相互交织，但当代社会公平正义理念来自于三个主要传统，包括功利主义（Utilitarianism）、自由主义（Liberalism）和多元主义（Pluralism）。

休谟（Hume）、边沁（Bentham）和密尔（Mill）是古典功利主义的代表（Rosen，2003），功利主义的正义观以"最大多数人的最大幸福（或效用）"为评价标准，并成为福利经济学的哲学基础。

霍布斯（Hobbes）、洛克（Locke）和卢梭（Rousseau）基于社会契约论开创了自由伦理观下的正义学说。霍布斯的契约论思想主要体现在《利维坦》一书中，强调权利与法则的区别，指出权利是做或不做什么的自由，而法则是对人们行为的约束，法则是通过契约得到人们认同建立起来的。洛克认同霍布斯对权利与法则的区分，但不论自然权利还是自然法则，他认为都是上帝赐予人类的，每个人都有他人不可剥夺、不可转让的基本权利，使得正义从自然的正义走向了现代权利要求的正义，开创了西方的自由主义传统。而自洛克以来，自由概念区分为个人权利和以共同体的善为基础，卢梭的正义观念是以共同体概念为基础的社群主义正义观念。由此也就形成了西方近现代思想史上以洛克为代表的自由主义（Liberalism）的平等观念和以卢梭为代表的社群主义（Communitarianism）的平等观念的区别。洛克的公民自由观要求的是实现法律形式的公民平等权，并形成了西方民主制度的实践，罗尔斯（Rawls）和诺齐克（Nozick）等对其进行了批判和发展，形成了新自由主义的正义理论。卢梭的平等主义自由观所要求的是实现公民间的实质平等，尤其是财富占有的平等权，其社会契约论出现了明显的激进主义的转向（王元华等，2005）。在对新自由主义的批评过程中，形成了以麦金太尔（MacIntyre）、桑德尔（Sandel）和泰勒（Taylor）等为代表的当代社群主义正义理论。

伯林（Berlin）对于当代世界政治哲学的贡献不仅在于他提出的两种自由概念，积极自由与消极自由，而且在于他对价值多元主义的提倡。所谓"价值观"，也就是在那些人们所认为的各种价值中，或在自认为的某些价值中，有一些是最值得拥有或追求的基本观点。价值多元主义就是承认并非所有人的价值追求和目标是可以在终极意义上具有共同性或可以通约的，如果一套价值体系把某种价值看成是至上的，这就是一元论。伯林的价值多元主义开辟了自由主义发展的新维度。在当代自由主义和社群主义的争论中，沃尔泽（Walzer）、米勒（Miller）和罗默（Roemer）等基于价值多元主义，形成了更为独特的多元正义理论。

（2）社会公平正义理念的两种视角

当代政治哲学关于社会公平正义的各种主流理论之间在许多方面存在差别，基于正义的研究方法，阿马蒂亚·森（Amartya Sen）（2013）对自启蒙运动以来哲学家对于正义的思考划分为两种视角。

第一种视角沿着契约主义（the Contractarian）假设的社会契约（Social Contract）展开论述，试图着眼于寻找绝对公正的社会安排，并将描绘"公正制度"作为正义理论的首要并且往往是唯一的任务。主要人物包括霍布斯（Hobbes）、洛克（Locke）、卢梭（Rousseau）和康德（Kant）等，1971年罗尔斯（Rawls）在其出版的《正义论》（A Theory of Justice）中采用社会契约方法，进一步全面阐述了"公平的正义"理论，使得社会契约方法在当代政治哲学中一直占据着主导地位，诺齐克（Nozick）、德沃尔金（Dworkin）和高蒂尔（Gauthier）等以不同的方式沿袭了这一共同的方法。这种可称为"先验制度主义"（Transcendental Institutionalism）的视角具有两大特点：一是致力于探寻完美的正义，二是为了寻找绝对的公正，主要关注制度的正确与否，而非直接关注现实存在的社会。以至于描绘并确立先验的理想社会制度成为当代正义理论的核心议题，当然这样的研究方法有时也会触及对于人的实际行为的现实分析。

第二种视角可以称为比较主义（the Comparative）的研究方法，斯密（Smith）、孔多塞（Condorcet）、马克思（Marx）和密尔（Mill）等采用各种不同的路径，对制度、行为和社会互动等因素影响下人们不同的生活方式进行了比较研究，阿罗（Arrow）则对其现代形式"社会选择理论"的发展进行了开创性研究。阿马蒂亚·森（Amartya Sen）提出的正义理论也可以看作是在这一视角下所作的探索，相较于社会契约的方法，主要有三个不同之处：一是主张沿着孔多塞和斯密的道路，在理智思考的基础上，就明显的非正义达成共识，而不是寻找绝对的正义；二是关注的焦点不必局限于制度，相反，可以直接关注人们的生活和自由，亦即"可行能力"（Capability）；三是超越了社会契约方法的应用需建立在某个国家或地区基础上的限定，有利于在全球范围推进正义和消除不可容忍的非正义。

（3）社会公平正义理念的两个范畴

正如森（Sen）对于正义理念的两种视角划分，可以看出他秉持的是正义作为一个过程，而非终极结果的态度。同样，尽管存在多元的公平正义理念，但每一个公平正义理念都包含了程序和结果两个范畴，程序正义与结果正义何者优先，便构成了不同正义理论之间的另一项议题。

米勒（Miller，2008）试图澄清程序和结果之间的区别，认为程序指的是一种制度、一个机构或一个人或向若干其他人分配利益（或负担）的规则或途径。与之相对，结果指的是在任何时候不同的个体由此享有各种资源、商品、机会或者权力的事态。显然，程序正义和结果正义并非是指两种不同类型的正义，而是分别指程序符合正义和结果符合正义（孙锐，2007）。如法律格言"正义不仅应得到实现，而且要以人们看得见的方式加以实现（Justice must not only be done，but must be seen to be done.）"所示，相对结果正义，程序正义更像是一项制度理念。罗尔斯（2009）分析了程序正义的三种形态：纯粹的程序正义、完善的程序正义和不完善的程序正义，按照纯粹的程序正义设计社会基本结构作为一个公共的规范体系，无论最后的结果是什么，只要在某种范围内，就都是正义的。

从正义理念的这两个范畴出发，各种正义理念都分别具有鲜明的指向性。功利主义认为正义应实现社会福利总量的最大化，是一种典型的结果正义理念；自由主义正义理念中，洛克（Locke）、诺齐克（Nozick）和布坎南（Buchanan）等代表的自由至上的正义理念强调程序正义，而卢梭（Rousseau）所要求的公民间的实质平等则是一种典型的结果正义理念。根据罗尔斯（Rawls）"公平的正义"理论的两个原则，如前所述，尽管其重视程序正义，但在第二原则中却显示出他对分配结果的实际关注（唐娟等，2003）。米勒（Miller）认为社会正义理论的目标是提供用来评价一个社会的主要制度和实践的标准，而不是直接规定资源的分配，以至于其坚持结果正义在这种评价中的优先性，但也试图表明程序正义的重要性，以及尊重程序正义对于结果正义的调节作用。

2.2.2　社会公平正义理念的功利主义与自由主义之辩

（1）功利主义与福利经济学的发展

如前所述，功利主义的正义观构成了福利经济学的哲学基础，以社会福利最大化为宗旨，福利经济学的研究以社会经济资源配置效率和分配公平为主题。社会福利（Social Welfare）是指所有社会成员个人福利的汇总或集合，与之紧密关联的是效用（Utility）概念。效用的测量具有主观和客观的差异，以及原则上的可测量和实际上的可测量的差异，以至于出现效用可测性与人际可比性的困惑，大致可分为两种思路（黄有光，1991）。遵循边沁（Bentham）和密尔（Mill）的古典功利主义传统，庇古（Pigou）开创了旧福利经济学理论体系，主张社会福利应该是所有社会成员福利的总和，即基数效用论（Cardinal Utility），该理论主张基数效用假设和人际效用可比，在通过完全竞争市场最优化地配置资源的同时，根据边际效用递减规律，财富和资源均等化也是社会福利最大化的重要手段。随后，罗宾斯（Robbins）、卡尔多（Kaldor）、希克斯（Hicks）、伯格森（Bergson）和萨缪尔森（Samuelson）等主张社会福利不能用基数度量而只能排序，即序数效用论（Ordinal Utility），该理论基于"帕累托最优"和"帕累托改善"标准，提出了诸多类型的补偿标准和社会福利函数（王桂胜，2007）。而阿罗（Arrow）的不可能性定理认为，不可能找出一个从个人序数偏好导出一个社会次序的规则来，表明由于效用的信息基础过于狭隘，基于序数人际不可比的序数效用论也不足以支撑福利经济学的发展。

（2）罗尔斯对功利主义的批判

康德（Kant）的自由主义认为，权利是一个优先和独立于善的道德范畴，当某个体权利发生争议问题时，即使是普遍福利也不能僭越这些权利（桑德尔，2011）。然而，尽管功利主义主张普遍公平，但其把社会福利最大化作为主要目的，为实现"最大多数人的最大幸福"，功利主义甚至不惜牺牲个人权利，由其引申出来的公平正义仅是实现目的的手段，甚至不足以成为一种正义观（廖申白，2003）。罗尔斯（Rawls）推进了康德反对功利主义的逻辑，即以权利原则来反对功利原则，随着1970年代《正义论》的发表，新自由主义逐渐取代功利主义，在西方政治哲学中占据了主导地位（俞可平，1998）。

罗尔斯（Rawls）立足契约论和康德的自由主义哲学，从"原始状态"和"无知之幕"两个预设推演出关于制度的两个正义原则。第一个原则是平等自由的原则：每个人对与所有人所拥有的最广泛平等的基本自由体系相容的类似自由体系都应有一种平等的权利；第二个原则是机会的公正平等原则和差别原则的结合，社会和经济的不平等应这样安排：其一，在与正义的储存原则一致的情况下，适合于最少受惠者的最大利益；其二，依附于在机会公平平等的条件下职务和地位向所有人开放。其中，第一个原则支配权利和义务的分派，确保公民的平等基本自由；第二个原则调节社会和经济利益的分配，规定和确立社会及经济不平等的方面。第一个原则优先于第二个原则，而第二个原则中的机会公正平等原则优先于差别原则。简言之，第一个原则要求所有人都应有平等的基本自由，第二个原则要求所有人都应有公正的机会平等，并只允许那些最有利于最不利者的差别存在。

罗尔斯对于功利主义政治哲学的批判主要集中在三个方面。首先，功利主义把人本身当作手段，而不是目的。罗尔斯认为人本身在任何时候都应该是目的，而且人与人之间都是平等的，不能把人当作手段而去侵犯个人权利。其次，功利主义容许牺牲少数人的利益以达到多数人的利益，这是对少数人的自由平等权利的粗暴侵犯。最后，功利主义的首要宗旨是"最大多数人的最大福利"，但并不关心"最大福利"在"最大多数人"之间的分配，由此会产生利益分配的不公正。

（3）罗尔斯引发的自由主义争论

相较于功利主义把正义和权利变成计算问题，忽视人与人的差异及情感，新自由主义的正义理念把个人权利这一特征更鲜明地表达出来，突出了个体的差异性和多样性。然而，罗尔斯这一"公平的正义"理论引发了西方学界更加激烈的争论。第一种争论发生在功利主义者与坚持权利取向的自由主义者之间，即正义应该基于功利还是尊重个人权利要求，上文已作表述。

第二种争论发生在坚持权利取向的自由主义阵营内部的诸派别之间，激进的自由主义者如诺齐克和哈耶克认为，政府应尊重基本的公民自由和政治自由，反对平等主义的自由主义者倡导的罗尔斯式的再分配政策。如诺齐克基于权利理论的分配正义理念认为，持有正义的主题由三个主要论点组成：持有的最初获得或对无主物的获取，持有从一个人到另一个人的转让，以及对持有中的不正义的矫正。与之相对应，诺齐克提出了三个持有的正义原则：获得的正义原则、转让的正义原则、矫正不正义的原则。基于上述原则，持有正义理论的一般纲要是，如果一个人按获取和转让的正义原则，或者按矫正不正义的原则对其持有是有权利的，那么，他的持有就是正义的（诺齐克，1991）。相较于罗尔斯的正义理念，诺齐克也赞成正义的重要性，但他更关注个人权利获取与维护的程序正义性与合理性，即分配是否正义依赖于它是如何演变过来的。

第三种争论主要集中于权利是否优先于善这一命题，罗尔斯和诺齐克等自由主义者所共享的权利优先于善的假设受到了来自社群主义（共同体主义）的挑战。社群主义者认为自由主义具有普遍主义倾向，但社群（共同体）对于个人的自我属性与认同具有决定性意义，而社群（共同体）一定是地方性的。正如桑德尔（2011）所言，功利主义没有认真对待人与人之间的差异性，但自由主义同样没有认真对待人与人之间的共同性。桑德尔指出通往正义的三条道路，一是功利或福祉的最大化，二是尊重自由选择，三是培养美德和思辨共善，他本人偏爱的是第三条。从自我概念出发，桑德尔认为罗尔斯等自由主义者提出的自我是先验的"混沌无知的自我"，而现实中只存在受到各种制约的"情境的自我"；对于严格意义上的共同体社会，该共同体必须由参与者所共享的自我理解构成，并且体现在制度安排中，只有当共同体内部的冲突达到一定程度时，正义才成为首要德性；只靠功利最大化和保障选择自由都不足以迈向正义社会，正义不仅是财物名分的正确分配，也是主观判断即价值的正确评估。麦金泰尔（1996）探究了西方正义理念的四个传统，即亚里士多德传统、《圣经》传统、苏格兰传统和自由主义传统，认为这些传统的过去被压缩在现在之中，而且并非总是只以破碎或伪装的形式出现。包括正义原则在内的所有道德或政治原则都有其历史传统，现代自由主义的个人主义要求我们把个人从社会关系的特殊性中抽象出来而成为没有差别、完全中立的抽象的个人，但现实情况不是这样。正义奠基于德性之上，而德性依附于共同体之中，正义作为一种美德，只有在共同体中才能理解（张秀，2012）。此外，泰勒（2012）认为，兴起于 17 世纪的社会契约理论是一种政治原子论，自由主义及其个人权利对于社会的优先性的理论基础便是原子主义，对于个体目的过于关注，消解着社会，并把我们相互分开。

2.2.3　社会公平正义理念的多元主义之论

在自由主义与社群主义争鸣之时，面对多元的社会情境，多元社会公平正义理念另辟蹊径，开辟了正义理念丰富和发展的新路径。多元社会公平正义理念继承了伯林的价值多元主义，其与社群主义和自由主义的最大分歧在于多元主义既否认只有一种价值至上的，不管是社群主义的共同利益，还是自由主义的个人权利，同时也反对普遍主义。

沃尔泽（Walzer）（2002）的多元社会公平正义理念是从社会物品的分配正义角度展开讨论的，他认为不同的物品应该有不同的分配原则，通过对于一系列重要物品的研究，归纳与证明了三种不同的分配原则，包括自由交换、应得和需要。这三个标准作为分配正义的起源和目的，都有其适用的分配领域，但没有一个原则能够单独覆盖所有分配领域。同时，沃尔泽认为分配正义是有边界的，其对于政治共同体和成员资格的认识与社群主义在强调共同体价值方面存在交集，但其否认单一价值和普遍主义的正义理念仍是多元主义的。

与沃尔泽的社会物品多元正义理念不同，米勒（Miller，2008）从"人类关系的模式"（Modes of Human Relationship）出发，秉持的是一种社会情境多元主义理念。人类之间存在各种不同的关系，可以归纳为团结的社群（Solidaristic Community）、工具性联合体（Instrumental Association）、公民身份（Citizenship）三种基本关系模式，需要、应得和平等作为社会正义的三个标准，分别是上述三种基本关系模式的首要原则，并相互交叉和渗透，动态适用于特定的社会情境（Social Situation）。

罗默（Roemer，2004）在其发表的《折中分配的伦理》一文中，提出了一种灵活的分配正义伦理学。基于四种判断社会公平正义的价值原则，包括边沁的功利主义原则、罗尔斯的最大最小原则和另外两种差不多的"适度主义"的边际递减原则，罗默提出了一个综合框架，不同的社会情境采取不同的资源分配原则。在基本生存阶段，采用罗尔斯的绝对公平原则；在温饱阶段，采用边际效用递减的偏好原则；在自由发展阶段，采用"分阶段的偏好"原则；在自我实现阶段，采用罗尔斯的差异原则，即允许不平等，但这种不平等必须是帕累托改善的。

阿马蒂亚·森（2013）的社会正义理念建立在对于罗尔斯式的"先验制度主义"正义理念的批判之上，也是一种典型的多元社会公平正义理念。如前所述，森对于正义理念的研究视角是一种聚焦现实的比较主义方法，试图回答的是"如何能够推进正义"。一方面，森的实用主义承认不同情境下价值的多元性。作为一种推理框架，社会选择方法对正义理论最重要的贡献也许就是对于比较性评价的关注。社会选择的结果表现为，在公众理性的基础上，就可能实现的各种选择的排序达成共识。由于价值多元性的存在，不同价值的优先性会产生不同的排序，社会选择的这种共识允许非完整排序（局部序），而局部序就能给予人们很大的帮助，从而超越了阿罗不可能性定理，即没有必要在任何情况下都寻找具有全体一致性的社会最优方案。另一方面，任何关于正义的理念都需要选择一个信息焦点，森对正义评价的基础既不是功利主义的效用，也不是罗尔斯的基本物品，而是可行能力，即一个人实际拥有的做事情的自由。显然，可行能力是一个具有时空差异的动态概念，不可避免地具有多元化特征。然而，尽管近代以来每一个关于社会正义的规范理论都要求在某些事物上实现平等，森也认同平等的重要性，同时认为可行能力是人类生活的核心特征之一，但他拒绝要求可行能力的平等。

实际上，在回应社群主义和多元主义的批评过程中，罗尔斯在后期也开启了从理想的普遍主义向现实主义的转变，在《万民法》一书中，罗尔斯（2001）区分了五种类型的国内社会，他把其正义原则看成只是适用于民主自由社会的正义观念；在《作为公平的正义：正义新论》一书中，罗尔斯（2011）接受了理性多元论的事实，引入了"重叠共识"（Overlapping Consensus）的理念，这一理念与森的社会选择理论的非完整排序具有在一定程度上达成共识的可能。因而，也有学者认为，罗尔斯的先验方法和森的比较方法在公共政策领域是有一定互补性的（汪毅霖，2013）。先验方法推导出理想状态下的正义理论可以作为一个基准参照系，用以判断各种现实情况与理想状态之间的差距；而关注人的实际自由的比较方法需要以明确的正义原则作为依据，通过公开讨论的社会选择纠正明显的非正义。在两者之间，纳斯鲍姆（Nussbaum）（2011）提出了10项人类中心能力的清单，这个能力清单是先验给定的，尽管遭到了森的反对，但其作为人类的基础性权利，标明了正义的底线，实际上能在森的基本能力与罗尔斯的重叠共识和差别原则之间建立一个桥梁，应用于公共政策的实践领域。

2.2.4　城市规划理论中的公平正义理念

（1）寻求空间正义作为城市规划的社会理性观念

Friedmann（1987）认为，在市场社会中社会理性（Social Rationality）与市场理性（Market Rationality）不同，市场理性以追求私利为中心，公共领域的规划体现的是社会理性观念，往往与市场理性相冲突，具有很强的政治性。现代城市规划从诞生之日起几乎就是在弥补市场的缺陷，城市规划并不反对追逐效率，但城市规划的核心价值应该是公平与正义，这是现代城市规划在市场经济体制中生存和发挥作用的前提条件。

在关于城市社会与空间的传统研究中，普遍存在社会学理论中的"历史决定论"和地理学、经济学等领域的"空间决定论"。现代城市规划的形成与现代建筑思想具有同源性，"二战"后很长一段时间内对于城市规划的认知都是作为空间形态规划、城市设计和详细蓝图或总体规划（泰勒，2006），城市规划被视为技术活动而不是政治活动，或至少其本身不带有任何特定政治价值观。自1970年代西方产生了社会学理论研究的"空间转向"，空间要素开始真正地嵌入社会理论研究中，空间正义就是社会理论"空间转向"的一个产物，即社会正义的空间维度（曹现强等，2011）。戴维斯（Davies）在《本地服务中的社会需要和资源》（Social Needs and Resources in Local Services）一书中提出了"地域正义"（Territorial Justice），哈维（Harvey）承认其对于空间正义概念化起到的开创性作用（苏贾，2016）。列菲弗尔（Lefebvre）和福柯（Foucault）引领了这一时期社会学的"空间转向"。列菲弗尔最早提出城市权的概念，重新确立了寻求正义、民主和公民权利的城市基础，并指出空间是社会性的，空间里弥漫着社会关系，不仅被社会关系支持，也生产社会关系和被社会关系所生产；福柯认为正是因为空间上的可见性，权力得以实现，知识得以演进，他的理论颠覆了将空间和社会分割的二元对立思维（何雪松，2005）。作为新马克思主义空间理论的代表人物，哈维（Harvey）指出，现代城市研究应当在社会学科和地理学科之间建立"交互界面"（Interface），开创性地将空间分析与社会正义相结合，并对空间正义进行了辩证的阐释：社会正义作为一种价值理念须对特定型态的空间生产进行价值评价，社会正义作为一种政治理念与特定权力体系对空间秩序的建构密不可分，社会正义作为一种政治理想往往与"空间乌托邦"联系在一起，社会正义作为一种政治动员机制须关注政治策略的空间性问题。进一步，哈维建构了一种基于"过程"的空间正义，四个重要范畴包括差异、边界、规模和情境性（李春敏，2012）。苏贾（Soja，2016）建构了社会、历史、空间"三位一体"的空间本体论，认为城市权利的斗争始终围绕着空间而进行，分布不平等是空间非正义的最主要和最明显表现。Fainstein（2010）提出了正义城市的理论，包含民主、公平和多元性三个核心概念，并以纽约、伦敦和阿姆斯特丹为案例，探讨了制定公共政策推进正义的策略。

　　对于空间正义的内涵，产生了两个不同角度的认识：Pirie（1983）提出空间作为社会关系演变的"容器"，"空间正义"即为"空间中的社会正义"，这种观点关注的是分配的正义；Dikec（2001）做了进一步的阐述，提出了非正义的空间辩证法，包括非正义的空间性和空间性的非正义，后者强调了空间对非正义的生产。另一种观点则认为"空间正义"应该超越正义的争辩，杨（Young，1990）呼吁将正义用于更具体的地理、历史和制度条件下，他提出我们应远离分配正义的固定模式，把更多的注意力放在社会结构所产生的不平等和不公正上，这也是森研究正义理念的视角。将正义的重心从结果转移到过程，从保证平等和公正转移到尊重差异和多元化的团结一致，在扬（Young）的后期著作中促成了正义空间化观念的形成。综合两个视角的观察可以看出，空间正义的概念是对不正义的空间表现的批判，是对由特殊形式的空间化生产和延续的系统性支配和压迫的批判，目的在于观察、辨别和消减植根于空间和空间过程的不正义。

国内学者对空间正义的研究是近年来起步的。任平（2006）指出，空间正义就是存在于空间生产和空间资源配置领域中的公民空间权益方面的社会公平和公正，它包括对空间资源和空间产品的生产、占有、利用、交换、消费的正义。他同时指出，当代中国城市化进程中存在6大空间权利被剥夺的现象，空间的正义是当代中国构建和谐城市的基本路径。曹现强等（2011）回顾了国外空间正义研究历程和内涵，指出空间正义对中国城市发展具有现实意义，他进一步分析了我国城市中空间正义缺失的表现形式、逻辑和矫治，认为城市公共政策特别是空间政策应当改变以往对空间正义价值的忽视，特别是要保证弱势群体参与公共政策过程的权利和机会是平等的。

随着研究工作的不断展开，国内学者对于空间正义的研究已涉及城市发展的多个方面。在城镇化方面，钱育英等（2012）指出，以恰当的公共政策引导和控制城镇化是政府促进城镇化走向空间正义的基本路径。陆小成（2017）认为，空间正义是基于空间维度的资源公平性配置与公正性维护，并从空间正义视角探讨了新型城镇化进程中资源配置的价值审视、面临困境和配置路径。在居住空间方面，茹伊丽等（2016）针对杭州公租房居住空间的研究表明，在公租房大规模的集中布局中，未建立便捷的交通联系网络，契合中低收入阶层需求的医疗、教育、购物和休闲等配套设施不足，加上严重的居住隔离和忽略社区文化建设等，导致公租房住户难以实现应有的空间权利、发展机会和交往需要，明显背离了空间正义的内涵特征及价值诉求。在城市更新方面，何舒文等（2010）提出居住空间正义这一核心价值观，并且指出了城市更新中的4种非正义现象。张京祥和胡毅（2012）指出，社会空间正义应该成为中国城市更新和空间生产或规划过程中所遵循的核心价值，以修复因长期强调经济发展、效率优先而积累的社会矛盾和社会危机。邓智团（2015）指出，对空间正义的追求是城市更新范式变革的本质原因，他提出社会形塑的理论逻辑框架是"空间正义（原因）——社区赋权（过程）——政策悖论（绩效）"。在城市治理方面，庄立峰和江德兴（2015）指出，空间正义应成为当代城市治理的一个重要维度，包括空间价值正义、空间生产正义和空间分配正义三个理论层面。城市治理模式下空间正义的实现，依赖于空间生产和分配过程中的公民参与，通过政治参与重塑城市空间，保障公民的"城市权利"，合理界定城市政府职能。在邻避冲突方面，王佃利和邢玉立（2016）认为，邻避设施建设是一种具体的空间生产，邻避设施生产中的空间冲突反映了权力控制和城市权利之间的紧张，寻求邻避冲突的化解之道需要在空间正义的原则下重新定义邻避行动，以实现城市权力，促进利益相关者有效参与空间生产决策，科学规划凸显空间性的多元补偿方案。此外，公共服务设施布局的空间正义也是一个重要的研究议题。

（2）城市规划理论及其中的社会公平正义理念演进

Faludi（1973）把规划理论分为"规划的理论"（Theory of Planning）和"规划中的理论"（Theory in Planning），前者关注规划过程即程序性，后者关注规划内容即实质性。尽管这种划分仍有争议，但其表明了规划过程和规划结果作为城市规划理论的两个核心内容，两者缺一不可和互动发展。社会公平正义理念在城市规划理论中正是以程序正义与结果正义的方式得以体现，如前所述，现代城市规划对于公平与正义的追求是一以贯之的，对于结果正义的理解无疑受到社会公平正义理念演进的影响，而关注规划过程的程序正义演进则反映了社会公平正义理念的实施路径转变。

Taylor（1998）系统地回顾了战后西方城市规划理论发展的三个阶段。1960 年代前的早期规划理论以空间形态规划设计为核心，乌托邦式综合规划、反城市化的美学思潮、关于城市结构秩序性的看法和关于规划目标共识的假设构成了这一时期的基本理论。在对于上述基本理论的批判中，关于规划价值取向共识的批判成为一个重要方面，传统规划理论无法认识到多元的社会群体往往具有不同的、甚至相冲突的价值取向和利益选择，在缺少公众参与的前提下，规划的效果会在不同群体间产生不同分配效应，实际上便是对这一时期规划理论的程序正义与结果正义的批判。

1960 年代的城市规划理论呈现出激进变化的特点，以 20 世纪初期 Geddes（1915）提出的"调查 - 分析 - 规划"（SAP）方法体系为前导，以 McLoughlin（1969）和 Faludi（1973）为代表的学者推动了系统规划理论和理性过程规划理论的发展，系统规划理论是一个实质性规划理论，理性过程理论则是一个程序性规划理论，但两者都具有显著的政治中立的技术理性特点。Davidoff 和 Reiner（1962）提出了规划的选择理论，指出规划是一个选择过程，并经历了技术理性向政治理性的认识转变，而其推崇的倡导性规划支持弱势群体或少数民族在规划过程中表达利益诉求。Arnstein（1969）提出的公众参与的阶梯理论也是这一时期中社会公平正义理念在规划理论中的现实反映，即关注规划的程序正义，也对涉及弱势群体的结果正义予以关注。

　　Harvey（1989）认为，1970 年代末以来，新右派运动推动了地方政府中的企业主义盛行，Stone（1989，1993）提出了政体理论的解释框架。而伴随着对于程序性规划理论的空洞和对于理性规划模式忽视实施的批判，Habermas（1979）的沟通行动理论和 Giddens（1984）的结构化理论成为西方城市规划理论"沟通转向"的基础。Sager（1994）和 Innes（1995）等人均谈及这一新兴的规划理论，Forester（1989）则是沟通规划理论的主要倡导者。他指出，在民主决策过程中，公共部门和规划人员通过谈判，有责任积极保护各个公众群体的利益，包括弱势群体的利益。从沟通和决策过程上看，沟通规划理论本质上是程序性的，仍可以认为是理性过程规划理论在新时期的发展。这一时期，社会公平正义理念更加深入地融入了规划过程，对于公平规划（Equity Planning）的研究也逐渐兴起。

　　Krumholz（1982）对 1969—1979 年间 Cleveland 城市规划实现公平目标的过程进行了回顾，Krumholz 和 Forester（1990）指出，公平规划者相信"人与人之间社会、经济和政治关系的公正是一个社会公正和可持续发展的必要条件"，城市规划的主要目标是实现社会公正。Metzger（1996）认为公平规划是城市规划师的一个工作框架，通过研究、分析和组织能力来影响舆论、调动选区，以推进政策的实施向穷人和工人阶级重新分配公共和私人资源，并对 Cleveland（1975）和 Chicago（1984）的规划政策和实践进行了回顾。Fainstein（1996）提出，传统规划（Traditional Planning）以中层和上层阶级对城市组织结构的判断为导向，随着越来越多地融入社会民主和自由思想后，民主规划（Democratic Planning）和公平规划（Equity Planning）迅速发展。规划过程就是政治过程，公平规划的出发点就是政治活动不仅要为权利服务，也为潜在的补偿性的公平服务。对比民主规划的过程导向，公平规划聚焦在程序的实质，既是实现社会目标的方式，也是使社会目标成为空间现实的方法。

　　Kuhn（1962）首先使用"范式"概念描述科学史中理论观点的基础性转变，新旧范式之间的差别不在于方法，而在于看待世界和在其中实践科学的不可通约性，是一种质的差异。回顾战后西方的城市规划理论演进，"范式转变"（Paradigm Shift）是一个常被提及的概念。现代西方城市规划理论层出不穷，尤其是 1970 年代以来，后现代主义思潮对于多元化的包容和推崇，城市规划理论已演变得支离破碎（Hague，1991）。Healey 等（1982）认为，规划理论经历了城市设计传统和程序规划理论主导的时期，以及 1970 年代后形成的理论多元化格局。Friedmann（1987）回顾了两个世纪以来的规划理论，总结了规划理论的从保守到激进的四种类型，包括政策分析（Policy Analysis）、社会学习（Social Learning）、社会改革（Social Reform）和社会动员（Social Mobilization）。Innes（1995）认为，规划理论只有理性规划和沟通规划两种范式，作为规划理论的一种新兴范式，沟通行动理论回答了之前理性规划无法回答的问题。Taylor（1998）总结了 1945 年以来城市规划理论的两次重大转变，第一次变化发生在 1960 年代，主要是从传统的城市设计转变为系统理论和理性程序理论；第二次变化发生在 1970 和 1980 年代，表现为规划师从作为技术专家到作为协调者的角色观念转变。Fainstein（2000）探讨了城市规划理论的三种类型，包括沟通模式（the Communicative Model）、新城市主义（the New Urbanism）和正义城市（the Just City），沟通模式强调规划者在"利益相关者"之间的调节作用，新城市主义描绘理想城市的物理图景，正义城市提出基于公平的空间关系模型。对于近年来政治哲学和规划理论强调民主式的沟通规划是公平的关键，Fainstein（2010）认为这夸大了开放式沟通的效果，由于民主、平等和多元性之间的内在矛盾，民主的过程并非总能得到平等的结果。

在对西方城市规划理论的梳理和引介过程中，国内学者也逐渐关注社会公平正义理念在城市规划理论和实践中的应用。从规划目的和规划过程出发，吴志强（2000）系统梳理了西方城市规划理论发展的全过程纲要。在回顾 1930 年代以来美国规划理论的变迁中，张庭伟（2006）认为，由于现代社会发展的多元性、多向性和曲折性，作为一种制度安排的城市规划表现出理论的多向性和理论发展轨迹的非线性，他提出把规划理论分成规划范式理论、规划程序理论和规划机制理论三部分，不同发展阶段的城市规划功能定位不同，但范式理论提出规划的公平、效率、提升社区生命力等，可以认为是持久不变的规划价值观。进一步，张庭伟（2009）认为，在后新自由主义时代，中国城市规划理论面临着"范式转变"的机遇，应该回归到规划的"基本教义"，即社会学习、社会改革的基本方向，同时考虑分配（社会公平）和生产（经济发展），通过规划促进社会的长治久安而不仅仅是经济的短期增长。何明俊（2008）指出，现代城市规划理论可以分为结构与功能、理性与参与、合作与沟通三个范式，对应于自由市场（一元结构）、福利社会（二元结构）以及公民社会（三元结构）。姜涛（2008）从"范式"和"范式转变"入手，对西方城市规划理论进行了梳理，认为现代主义规划尤其是理性规划，仍将在相当长一段时间作为主导范式，并与后现代规划范式呈现出多元竞争的景象，表现出共存、竞争、学习，甚至融合的趋势。王丰龙等（2012）认为，西方规划理论范式围绕"理性"大体经历了四次重大的转变，包括经验理性范式、工具理性范式、价值理性范式和沟通理性范式，规划理论范式的演变是革命性与连续性、稳定性与"创造性破坏"的辩证统一。

聚焦城市规划理论中的社会公平正义理念，孙施文等（2000）认为，城市规划政策作为城市公共政策的重要组成部分，公正原则是城市规划的基本价值取向之一。在更加注重社会公平的宏观背景下，娄永琪（2002）、马武定（2005）、孙施文（2006）、冯维波等（2006）、王勇等（2006）从审视城市规划价值观的角度出发，强调了社会公平正义在城市规划价值观中的核心地位。陈锋（2009）阐述了四种西方主要社会公正理论的要点，并借鉴国内学者姚洋提出的针对中国转型期的公正理论，探索构建城市规划体现和发挥社会公平功能的架构，主要包括四个层次，其一是关于人身权利的均等分配，其二是与个人能力相关的基本物品的均等分配，其三是关于其他物品的功利主义分配，其四是国家对于社会和谐的考量。冯雨峰（2010）指出，城市规划师的社会公平观应兼顾程序公平和结果公平，充分发挥资源配置和空间协调的公共政策功能。唐子来（2014）在中国城市规划年会上指出，城乡规划既涉及技术理性（科学化），也涉及政治理性（民主化），城乡规划转型是价值转型，规划的价值取向经历了从精英规划到民主规划、再到公正规划的历程，但三者并非取代关系，而是一种叠加关系，共同促进包容性发展。

2.3　基本公共服务设施分布的社会绩效评价研究

按照萨缪尔森（Samuelson）和布坎南（Buchanan）的公共产品理论，公共产品具有非竞争性和非排他性两个基本属性。城市的重要特征之一就是相对完善的公共服务设施，城市公共服务设施显然具有公共产品的基本属性。

公共服务设施的区位选择是影响公共服务设施的公平正义绩效的重要因素。在Thunen和Weber等早期经典区位论基础上，Teitz（1968）开创性地提出了公共服务设施的区位理论，区别了公共和个体的选址决策，强调了公共服务设施选址的系统性和兼顾公平与效率的观点。由于公共服务设施的外部性效应，居民总是排斥那些具有负外部性的公共服务设施，O'Hare（1977）为此提出了"邻避"（NIMBY）概念；而对于具有正外部性的公共服务设施，居民总是希望与之为邻，其空间分布的公平正义多以可达性的均等程度来衡量。在Hansen（1959）首次提出可达性（Accessibility）的概念之后，可达性随即成为表征公共服务设施公平正义绩效的重要指标。一方面，如McAllister（1976）所指出，在设计城市公共服务中心系统时，规划师应基于公共服务中心的规模和间距兼顾公平和效率，在某种程度上讲，对于公共服务中心规模和间距的选择，公平相较于效率更为敏感。另一方面，如Krumholz等（1990）和Talen（1998）所言，由于弱势群体更加依赖公共服务设施，从公共服务的公平性出发，弱势群体所享有的公共服务设施可达性等服务水平应达到或超过社会平均水平。在可以界定弱势群体空间分布的情况下，规划师应充分考虑公共服务设施的空间分布，以减轻资源不足者的劣势状况。国外对于公共服务设施分布的社会公平和正义绩效研究涉及公共交通网络、公园、医院、学校、商业和文化设施等各种类型。

2.3.1　公共交通网络分布的公平正义绩效研究

1955—1956年的蒙哥马利巴士抵制运动（Montgomery Bus Boycott）是非裔美国人反抗种族隔离与社会不平等的一座里程碑，公共交通领域的平等问题成为当时美国社会种族隔离与社会不平等的一个典型缩影。由于公共交通网络分布不仅直接影响到各个社会群体获得交通资源的情况，还间接影响到其获得就业、教育和医疗等发展资源的机会，而低收入群体明显地更加依赖公共交通，公共交通网络分布的社会公平正义绩效成为城市规划中的重要研究领域。

Garrett等（1999）指出，由于受到各种因素的影响，美国城市的个体交通不断扩展，而公共交通需求进一步减少，但仍有大量没有汽车的社会群体依赖公共交通出行。公共交通越来越呈现出效率低下和社会不公平的现象，需要从社会公正的角度重新审视现行公共交通政策。Wu等（2003）认为，完善可达的交通系统是确保人人享有平等机会的必要条件，基于人口分布和公共交通网络数据，评估了贝尔法斯特城市公共交通网络变化带来的可达性水平和剥夺指数（Index of Deprivation）变化，检验公共交通网络资源在不同社会群体之间的配置情况。Holzer 等（2003）以旧金山湾区快速运输系统为例，研究了公共交通系统对于改善从市中心到郊区就业中心的反向通勤的效用。结果表明，在职住空间不匹配的情况下，公共交通政策有可能改善处境不利的少数族裔的就业机会。Litman（2006）提出将公平分析纳入交通规划，并定义了各种类型的公平，讨论了评估公平的方法，描述了将公平目标纳入决策的实际方法。他指出，评估公平时需要考虑各种不同的观点和影响，横向公平（Horizontal Equity）要求在同等能力的个人或群体之间大致平均地分配交通资源，纵向公平（Vertical Equity）基于社会等级和收入差异，或基于出行需求和能力差异，需要考虑处境不利的社群需要，确保提供足够的交通服务水平。Manaugh 等（2010）检验了蒙特利尔交通规划对区域社会公平的影响程度，通过比较不同社会邻里在交通网络（包括 BRT、地铁、轻轨等）中获得就业机会来评价交通规划，即弱势邻里通过新的交通规划获得就业机会是否比其他邻里更低，从而会加剧社会不公平。Delbosc 等（2011）基于 Litman（2006）提出的横向公平和纵向公平概念，采用洛伦兹曲线（Lorenz Curves）和基尼系数（Gini Coefficients）的方法，分析了墨尔本市公共交通资源分配的公平状况。这项研究表明，墨尔本市公共交通资源分配的横向公平和纵向公平并不一致，尽管公共交通服务水平与居住人口和就业岗位之间的空间匹配状况并不理想，但内城地区的青年和低收入群体，以及缺乏私家交通工具的低收入阶层集聚地区获得了更多的公共交通资源。Welch（2013）也采用洛伦兹曲线和基尼系数的方法，分析了巴尔的摩市公共交通服务水平与社会住宅之间的空间匹配情况。Sigal Kaplan 等（2014）对于大哥本哈根地区的公共交通网络和运输分配结果进行分析，研究结果表明 TOD 开发模式促进了交通公平，使得人口稠密地区的交通连通性更高，高收入人群和低收入人群地区的交通连通性基本一致。

在城市公共交通的社会公平和正义领域，近年来逐渐引起国内研究工作的关注。郑中元等（2009）指出我国城市交通公平性主要体现在私人机动化交通所造成的横向公平问题、社会弱势群体出行困难和交通运输对环境污染影响代际公平三个方面。目前，多数研究聚焦在第一个方面，即私人机动化交通所造成的横向公平问题，普遍的观点认为私人交通发展导致道路资源配置的不公平，实施公共交通优先战略是促进交通公平的重要措施（陆丹丹，张生瑞，郭勐，2008）。谢雨蓉等（2008）指出，社会弱势群体由于自身和环境因素，在社会生活中往往处于不利地位，同样面临交通公平问题。社会弱势群体包括生理性弱势群体和社会性弱势群体，应有针对性地满足其交通需求。吴玲玲等（2014）对国外交通公平分析理论和方法进行了述评，认为存在几个方面的研究重点，一是基于职住空间不匹配的交通不公平，二是基于不同群体交通结构的不公平，三是基于过去与现状（将来）对比的不公平，主要用于评价城市或交通规划方案的合理性。潘海啸等（2014）指出，城市交通系统是城市资源分配的"平衡手"，是调节城市公平的重要手段。传统的交通规划理论主要关注效率，而忽略社会公平的外部性效应，政府和规划者应提高对社会公平性的认识，并让公众来监督和约束交通服务提供者，在决策中更多地体现低收入人群的意愿。

聚焦公共交通空间布局的公平性，戢晓峰等（2015）基于剥夺概念，研究了快速城市化地区公共交通的空间剥夺特征，并提出了基于交通公平理念的公共交通资源均衡配置策略，其核心在于对存在公共交通空间剥夺的区域进行资源补偿式配置，保障交通弱势群体获得同等的出行条件与机会，从而达到消减交通剥夺与社会排斥、改善交通公平性的目的。张振龙（2015）借鉴了唐子来等（2015）对于上海市中心城区公共绿地分布的社会绩效评价方法，通过可达性评价、服务水平评价和区位熵方法对苏州城市公共交通布局进行了公平性评价。唐子来、江可馨（2016）以2010年上海市中心城区为例，采用基尼系数和洛伦兹曲线方法，分析了轨道交通网络分布的社会公平绩效，采用区位熵方法对于社会公平绩效进行了空间分析，研究结果显示，轨道交通网络资源分布的地域公平和社会公平并不一致。唐子来、陈颂（2016）又提出社会正义绩效评价的份额指数方法，研究结果显示，2010年上海中心城区的低收入社会群体享有轨道交通网络资源的份额指数略低于社会平均份额，但轨道交通网络分布的社会正义绩效仍处于基本合理区间。受到城市社会空间分异的影响，公共服务设施分布的社会公平绩效和社会正义绩效存在显著差异。

2.3.2　公园绿地分布的公平正义绩效研究

Lucy（1981）归纳了平等（Equality）、需要（Need）、需求（Demand）、偏好（Preference）和支付意愿（Willingness to Pay）五种概念，旨在将公平的概念纳入

地方规划决策，描述了公共服务分析框架，并以邻里公园为例进行了阐述。Wicks
等（1986）则是提出了基于平等（Equality）、需要（Need）、市场（Market）和需求
（Demand）的四种公平模式，指出公园应该平等地分配给所有地区，而不是基于
需要、需求或纳税额。Talen（1997）基于公园的空间分布与社会群体的空间分布
之间的关联性来评估公平问题，并以 Pueblo 和 Macon 两个城市的公园为例进行了
实证研究，其分析结果不支持"未成形的不平等"（Unpatterned Inequality）概念，
与 Lineberry（1975）对于 San Antonio 的消防和公园服务分布情况呈现出的"未成
形的不平等"并不一致，但两项研究都涉及社会分异背景下的公共服务设施的公
平分配议题。Wolch 等（2005）研究发现，洛杉矶白人集聚地区的公园可达性显
著高于低收入地区和拉丁美洲人、非裔美国人及亚太裔岛民集聚地区。Boone 等
（2009）对于 Baltimore 公园的研究表明，在步行范围内，非裔美国人享有的公园
数量多于白人，但白人人均享有的公园面积更大，仍然存在一定的不公正现象。

　　公园绿地分布的公平正义绩效是公共服务设施空间分布的国内研究中较为关注
的实证研究领域。早在 2005 年，金远（2005）就建议将洛伦兹曲线和基尼系数引
入绿地指标，用于评价绿地分布的平均程度，但该研究主要涉及空间层面的公平性，
而未对社会层面的公平性进行深入探讨。尹海伟、孔繁花、宗跃光（2008）尝试将
社会层面的公平性评价引入绿地评价体系，其中的公平性评价参考国外研究中的需
要指数（Needs Index）概念，认为人们对绿地的需要程度是与年龄、性别、经济
收入等特征紧密相连的，而儿童、妇女、老年人、低收入者及残疾人等弱势群体需
要给予特殊关注，并以上海和青岛为例，对于新构建的系列指标进行了分析与检验。
此后，尹海伟等（2009）又以上海为例，从公园的空间可达性定量评价和居民对于
城市公园的需求情况出发，测度了公园布局的空间公平性程度。陈雯、王远飞（2009）
以上海市外环线以内地区作为实证研究对象，将公园服务范围和人口分布数据相结
合，计算人均享有的可达公园的面积，该研究显示，浦东的陆家嘴和世纪公园区域、
北部的共青森林公园区域、西南部的动物园和植物园区域的人均享有实际可达公
园面积最大，而西北部的这一指标最低。江海燕、周春山、肖荣波等（2010）采用
GIS 网络分析和缓冲区分析法，分析了街道尺度下广州市公园绿地分布的空间差异，
并结合问卷调查数据，对于公园绿地供给的社会公平性进行分析，发现社会经济地
位较高的群体享有更多的公园绿地资源。高怡俊（2010）对于 1999—2008 年上海

市中心城区新增公共绿地的空间分布与社会空间结构进行对比，分析公共绿地的增长情况与社会阶层分布的空间关联。在机制解析方面，相对全面和有代表性的研究工作是周春山、江海燕、高军波（2013）对于广州市公园分布的社会空间分异现象的解析，他们认为，造成广州市公园资源的供给在社会空间上两极分化的原因包括城市发展的历史惯性和累积机制、城市扩张中的城乡二元分化机制、城市选择性更新与滤出机制以及居民利用需求与能力的分化机制，以上四类过程分别作用于城市中的不同区域，综合造成了广州市公园资源供给在不同空间单元以及不同社会群体之间的差异性。基于社会属性的视角，杨贵庆（2013）指出，城市公共空间的可达性是公平原则的一种重要体现，规划设计应从公平原则出发，完善城市公共空间的规划布局，并注重城市公共空间的类型多样化以服务不同的社会人群。

2.3.3　公共医疗服务设施分布的公平正义绩效研究

江海燕等（2011）回顾和梳理了20世纪以来西方城市公共服务公平性研究的理论和方法的发展趋向，经历了从地域平等（Place-Based Equality）到社会平等（People-Based Equality）、从社会公平（Social Equity）到社会正义（Social Justice）的发展阶段。地域平等只是关注各个地域之间的公共设施服务水平差异，社会平等注重公共设施服务水平分布和居住人口分布之间的"空间匹配"（Spatial Match），而社会正义则强调公共服务设施分布应当向特定的社会弱势群体倾斜。顾鸣东和尹海伟（2010）也从公共设施的空间可达性和公平性两个方面，回顾了国外和国内的研究方法与成果。

在医疗设施方面，Knox（1978）对四个苏格兰城市的基层医疗设施的可达性进行了分析；Haynes 等（1999）研究英国东英格兰全科医师诊所的空间可达性，发现约13%的人口无法通过公共交通获得诊疗服务，诊疗需求最高和人群活动能力最低的外围地区在周末缺乏公共交通。Christie 和 Fone（2003）根据交通时间等，对于威尔士三级医疗设施配置在常住人口、75岁及以上人口、10%最贫困地区人口和乡村人口中的可达性进行了社会公平研究，结果显示总人口中的可达性公平并不意味着在人口亚群中的公平。Paez 等（2010）以 Montreal 岛为例，研究发现老年人和非老年人、城市和郊区老年人之间、机动车拥有者和非拥有者之间对于医疗设施的可达性差异很大。

国内对于医疗设施分布的绩效评价主要集中在空间可达性和社会公平方面，社会正义方面涉及较少。王远飞（2006）基于医院服务范围，结合人口分布数据，对于上海市浦东新区的医院空间可达度进行分析。陶海燕等（2007）采用重力模型，基于广州市珠海区居民就医的可达性，讨论其薄弱区域，探讨了医疗设施布局规划。张莉等（2008）通过最短路网时间数据，绘制了居民点到一级和二级医院的等时线和医疗设施的有效服务范围，并且对医院的整体布局和微观规模的优化提出构想。车莲鸿（2012）针对上海市二级和三级医院，重点分析了医院规模和空间布局的合理性。

公共服务设施分布的公平正义绩效研究并不限于医疗服务设施，还涉及教育、文化、体育等公共服务设施，如 Guy（1983）对于商店、Pacione（1989）对于 Glasgow 的中学、Ottensmann（1994）对 Indianapolis 的图书馆等公共服务设施的可达性和公平性进行了研究。采用基尼系数（Gini Coefficient）和洛伦兹曲线（Lorenz Curve），计量分析公共服务设施的公平性则成为一种比较常用和典型的方法。

近年来，国内学者的研究工作也涉及公共服务设施的空间分布领域。赵民等（2002）认为，由于经济收入的差异、文化价值取向的差异、年龄结构的差异等导致社区分层日益明显，对于公共服务设施的需求分化要求配套指标体系的调整，兼顾效率和公平。张建中等（2003）指出，由于公共服务设施的独特性质、普遍的"市场失灵"、政府行政干预和社会群体分层等原因，存在配置的公平性问题，需要重视对于市场运作的积极引导，改善政府介入的方式，促进公众参与机制的形成。高军波等（2010）通过构建城市公共服务设施空间分布的综合公平指数模型，探讨了广州城市公共服务设施分布的空间公平特征。周春山等（2011）探讨了转型期中国城市公共服务设施供给模式，指出公共服务设施供给过程中"人的不公平"和"地的不公平"同时存在，这是城市公共服务设施分布的空间不公平和社会分异格局的形成基础。

第二部分

本部分对于上海中心城区轨道交通网络分布与全体常住人口和特定目标人口（低收入常住人口）分布之间空间匹配的社会公平正义绩效进行评价和分析。上海中心城区的空间范畴与整个研究工作保持一致，涵盖上海中心城区及其连绵地区，共计 135 个空间单元。

本研究涉及两类主要数据来源。其一，与其他部分的研究工作相同，全体常住人口和特定目标人口的分布数据都来自 2010 年第六次全国人口普查的上海市数据，以街道 / 镇为空间单元。需要说明的是，本部分的上海市中心城区常住人口分布的解析结果也可以应用在其他部分中公共服务设施分布的社会公平绩效评价和分析，但在不同公共服务设施的社会正义绩效评价和分析中，特定目标人口也是不同的，需要进行相应的特定目标人口分布的解析工作。其二是轨道交通网络数据，包括 2010 年上海轨道交通网络与站点数据，数据来源是上海市规划和自然资源局，在此基础上结合上海地铁官方网站的信息进行数据修正。

上海中心城区轨道
交通网络分布的社
会绩效评价和分析

第3章

常住人口和轨道交通网络服务水平的空间分布格局

3.1 常住人口的空间分布格局

3.1.1 上海市域常住人口发展历程

1949 年以来，共进行了六次全国人口普查和三次 1% 人口抽样调查。1982 年的第三次全国人口普查以来，上海城市人口规模不断扩大，经历了以下三个阶段。

（1）低速增长阶段（1982—1990 年）

1982—1990 年期间，全市常住人口净增 148.22 万人，年平均增长率为 1.5%。这个阶段的人口增长率有所提高包括两个主要原因，一是"文革"期间上山下乡的大批知青返沪，二是 1950—1960 年代初出生的婴儿先后进入生育旺盛期，出生人口有所增加。

（2）较快增长阶段（1991—2000 年）

1991—2000 年期间，全市常住人口净增 306.58 万人，年平均增长率是 2.1%。外省市来沪人口迅速上升是上海城市人口规模扩大的主要原因。

（3）快速增长阶段（2001—2010 年）

2001—2010 年期间，全市常住人口由 1640.77 万人大幅增加到 2301.92 万人，净增 661.15 万人，增长 40.3%，年平均增长率是 3.2%。经济快速增长过程中外来人口大量流入是这一时期上海城市常住人口规模快速增长的主要原因。

2000—2010 年，伴随着常住人口的快速增长，常住人口的结构变化也是较为显著的。在户均人口规模方面，家庭户均人口从 2.79 人减少到 2.49 人；在性别构成方面，常住人口性别比（以女性为 100，男性对女性的比例）从 105.68 上升到 106.18；在年龄构成方面，0—14 岁人口比重下降 3.63 个百分点，15—64 岁人口比重上升 4.97 个百分点，65 岁及以上人口比重下降 1.34 个百分点；在劳动力资源与就业方面，2010 年上海劳动适龄人口为 1671.62 万人，占总人口的比重为 72.6%，相较 2000 年，劳动力资源总量增加了 510.02 万人，占总人口的比重上升了 1.8 个百分点，管理型人才和技术型人才在就业人口中的比重明显上升。

3.1.2　上海市中心城区的常住人口密度分布格局

在本研究范围内（即中心城区及其连绵的城市化地区），常住人口总量从2000年的1110万人增长到2010年的1390万人，常住人口密度从1.01万人/平方公里增长到1.26万人/平方公里，但占全市常住人口比重则从66.3%下降到60.4%。在常住人口结构变化与全市保持基本一致趋势的基础上，中心城区常住人口的空间分布格局也出现一些变化。

首先，中心城区的常住人口从核心地区向外围地区扩散。上海推进产业结构调整以来，生产企业逐步向外围的工业园区和高新技术产业区集中，大量外来新增就业人口在城乡结合部位集聚，而中心城区的居住人口也逐步向郊区转移。2010年中心城区的黄浦、卢湾、长宁、静安和虹口5个区的常住人口均比2000年减少，其中下降幅度最大的是黄浦区，减少幅度达到25.2%，而其余区县的常住人口均有增加。

其次，常住人口密度的内降外升导致地区之间差异缩小。尽管研究范围内常住人口密度在整体上是有所上升的，但在常住人口密度历来较高的黄浦、卢湾、长宁、静安和虹口5个区，常住人口密度是下降的，而其余各区的常住人口密度上升，导致各区之间常住人口密度差异缩小。

根据各个空间单元的总面积和"六普"数据中空间单元的常住人口总数，可以计算各个空间单元的常住人口密度（图3-1），2010年上海中心城区的常住人口密度分布在地域维度和圈层维度都呈现出显著差异。

（1）地域维度：浦西地区的常住人口密度高于浦东地区

如图3-2a所示，浦西地区的常住人口密度显著高于浦东地区，浦西和浦东地区的常住人口密度分别约为1.7万人/平方公里和0.8万人/平方公里，浦西是浦东地区的近两倍。在研究范围内，常住人口密度超过3.0万人/平方公里的空间单元全部分布在浦西地区，在浦东地区，除了周家渡街道和南码头路街道等7个空间单元外，其余空间单元的常住人口密度均低于2.0万人/平方公里。

浦东指上海市的黄浦江以东的部分地区。1990年4月18日，国务院正式宣布开发开放浦东，在浦东实行经济技术开发区和某些经济特区的政策。1992年10月，国务院批复设立上海市浦东新区。2005年6月，国务院办公会议批准浦东新区为中国大陆第一个综合配套改革试验区。2009年又批准撤销上海市南汇区，整体并

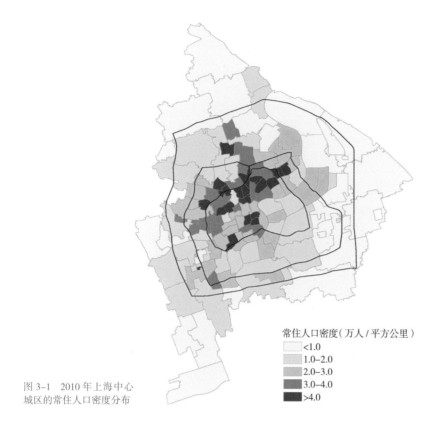

常住人口密度（万人／平方公里）
<1.0
1.0—2.0
2.0—3.0
3.0—4.0
>4.0

图 3-1　2010 年上海中心
城区的常住人口密度分布

入浦东新区，使浦东新区面积增加一倍。众所周知，在相当长时期内，黄浦江是上
海中心城区空间拓展的分界线，常住人口长期集聚在浦西地区，而浦东地区的大规
模开发始于 1990 年。尽管浦东开发已经历时多年，但在 2010 年上海中心城区范围
内，浦西地区的常住人口密度依然显著高于浦东地区。

（2）圈层维度：核心圈层的常住人口密度高于外围圈层

核心圈层的常住人口密度高于外围圈层是绝大部分城市的普遍规律，因为几乎
每个城市都会经历从核心到外围的空间拓展过程。伴随着城市建设和产业结构调整，
2000—2010 年期间，在上海中心城区，核心地区的常住人口逐渐向外围地区迁移，
虹口区成为上海常住人口密度最高的地区，普陀区成为中心城区中常住人口密度增
长最快的地区。但到 2010 年为止，研究范围内的常住人口密度仍然呈现从核心到
外围逐渐递减的圈层模式。常住人口密度高于 4.0 万人／平方公里的空间单元主要
分布在内环内或内中环圈层，而常住人口密度小于 1.0 万人／平方公里的空间单元
则主要分布在中环以外圈层。

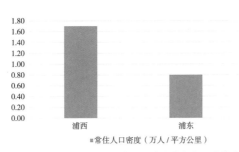

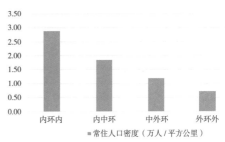

图 3-2a　上海中心城区常住人口密度分布在地域维度的差异　3-2b　上海中心城区常住人口密度分布在圈层维度的差异

如图 3-2b 所示，内环内、内中环、中外环和外环外圈层的常住人口密度依次递减，分别为 2.88 万人 / 平方公里、1.84 万人 / 平方公里、1.19 万人 / 平方公里和 0.71 万人 / 平方公里，内环内是外环外圈层的约 4 倍。常住人口密度最高的空间单元大多分布在浦西的中环线以内地区，常住人口密度最低的空间单元主要是位于外围圈层的大型产业园区、尚未完全入住的新近开发地区、特殊功能地区（如对外交通门户或大型公共设施所在地区）。

3.2　上海轨道交通网络服务水平的空间分布格局

3.2.1　上海轨道交通网络规划和建设历程概述

自 1950 年代上海提出建设地下铁道的设想以来，上海轨道交通发展经历了设想试验、建设起步和快速发展三个阶段。

（1）设想试验阶段：1956—1989 年

1956 年，基于加强战备的需要，在苏联专家指导下，上海编制了《上海市地下铁道初步规划（草案）》及一期工程建设计划，规划三条线路，总长 31.55 公里。在此基础上，逐步深化形成了多个版本的调整方案。在 1986 年国务院批准的《上海市城市总体规划方案》中，规划了由四条直径线、一条半径线、一条环线、一条半环线和一条浦东线组成的轨道交通网络，线路全长 176 公里，共设 137 个站点。

在此期间，为探索地铁设计和建设方面的众多关键技术问题，上海先后于 1963 年、1964 年和 1970 年代末进行了三次较大规模的地铁建设试验，其中 1970 年代末在漕溪公园掘进的试验隧道后来纳入上海轨道交通 1 号线的正式路线投入使用。

（2）建设起步阶段：1990—2000 年

上海轨道交通 1 号线于 1990 年开工，1994 年基本建成，1995 年 4 月开始锦江乐园—上海火车站的全线试运营，7 月开始正式运营，成为继北京和天津后中国大陆投入运营的第三个城市轨道交通系统。轨道交通 1 号线的南延伸段于 1997 年 7 月通车，线路总长 20.97 公里，站点总数 16 座。

轨道交通 2 号线于 1996 年开工建设，2000 年 6 月和 12 月主线和东延伸段先后开通运营；轨道交通 3 号线于 1997 年开工建设，2000 年 12 月一期线路正式运营。受到政策、资金和技术等多因素制约，这个阶段的上海轨道交通建设速度较为缓慢，处于发展历程的起步阶段，但为后续的快速发展奠定了基础。

（3）快速发展阶段：2001 年至今

在积累了起步阶段的成功经验之后，尤其是在成功申办 2010 年世博会的推动下，为全面改善城市公共交通网络，上海大幅增加了城市轨道交通的投资和建设力度。至 2010 年末，上海共计开通运营轨道交通线路 11 条，线路总长 430 余公里，共计 239 座站点，其中换乘车站 35 座，各条线路站点共计 283 个，形成了轨道交通的基本网络格局（图 3-3）。

本研究范围内的轨道交通站点共计 211 座，各条线路站点共计 254 个，站点数量和各线路站点总数分别占已建数量的 88.3% 和 89.8%。此外，全市已有的 35 座换乘站点均位于研究范围内，包括 1 处四线换乘车站（世纪大道站），7 处三线换乘车站（人民广场站、上海火车站等）和 27 处两线换乘车站。

经历了 10 年快速发展，2010 年上海城市轨道交通网络不仅是线路和站点数量的显著增长，空间分布格局也呈现出新的特点。一是网络格局从"十字加半环"的简单格局演变成为内网络和外放射的复杂格局，即以轨道交通 4 号线为界，内环线以内已经形成网络化的线路和站点分布格局，内环线以外的线路和站点呈放射状分布。二是核心和外围圈层的线路和站点密度形成显著差异，整体上呈现内高外低的分布特征。在本研究范围内，内环内地区共有站点 80 座，占研究范围内总数的 37.9%，站点密度为 0.7 座 / 平方公里；内中环圈层共有站点 52 座，占研究范围内总数的 24.6%，站点密度为度 0.26 座 / 平方公里；中外环圈层共有站点 49 座，占研究范围内总数的 23.2%,站点密度为 0.14 座 / 平方公里;外环外圈层共有站点 30 座，占研究范围内总数的 14.2%，站点密度为 0.07 座 / 平方公里。可见，无论是站点数

图 3-3　2010 年上海已建成轨道交通线路与站点分布图

量还是站点密度，从核心到外围呈现依次递减的趋势，而内环内和其他三个圈层的站点密度差距最为显著。三是轨道交通枢纽站点分布也呈现从核心到外围的依次递减趋势，内环内地区共有 29 处换乘站点，内中环圈层和外环外圈层各有 3 处换乘站点，中外环圈层没有换乘站点。

2010 年世博会以后，上海城市轨道交通的快速发展势头不减，13 号线、12 号线和 16 号线陆续建成。到 2016 年末，上海轨道交通网络共计开通线路 14 条，全网运营线路总长达到 617 公里，站点共计 377 座[1]。

3.2.2 轨道交通网络服务水平的计算方法

以一个空间单元内轨道交通网络的有效服务面积与所在空间单元面积的比值作为轨道交通网络地均服务水平的定量指标：

$$LD_j=M_j/A_j \qquad （公式 3-1）$$

式中：LD_j 为 j 空间单元的轨道交通网络服务水平；M_j 为 j 空间单元的轨道交通网络有效服务面积；A_j 为 j 空间单元面积。

参照《上海市控制性详细规划技术准则》（沪府办〔2011〕51 号令）对于轨道交通网络服务水平的计算方法，将轨道交通站点的服务范围划分为三个圈层，并分别赋予相应权重。轨道交通站点 500 米服务范围的权重为 1.0，500—800 米权重为 0.7，800—1500 米权重为 0.3。由此，一个空间单元内轨道交通网络的有效服务总面积为

$$M_j=1.0S_a+0.7S_b+0.3S_c \qquad （公式 3-2）$$

式中：S_a 为站点 500 米范围的有效服务面积；S_b 为站点 500—800 米范围的有效服务面积；S_c 为站点 800—1500 米范围的有效服务面积。

轨道交通站点的有效服务面积计算还需要遵循以下规则：其一，即使一个轨道交通站点位于空间单元范围外，该轨道交通站点位于该空间单元内的各级有效服务面积仍须计入该空间单元的轨道交通站点有效服务总面积；其二，如果分属两条轨道交通线路的站点有效服务范围部分或全部重叠（如换乘站点），则重叠部分应当重复计入轨道交通站点的有效服务面积，因为线路越多表明轨道交通网络的服务水平越高；其三，如果同一轨道交通线路上的两个站点的有效服务范围部分重叠，则重叠部分不重复计入站点的有效服务面积。

如图 3-4 所示，该空间单元的轨道交通网络的站点 500 米范围的有效服务总面积为 $S_i=S_1+S_2+2\times S_3+S_4+S_5+S_6+S_7+2\times S_8+S_9$。其中，两条线路的站点有效服务范围重叠部分（$S_3$ 和 S_8）需要重复计算两次，而同一线路的站点有效服务范围重叠部分（S_9）只应计算一次。

3.2.3 轨道交通网络有效服务范围的空间分布

在本研究范围内，围绕各个轨道交通站点，生成 500 米、500—800 米和 800—

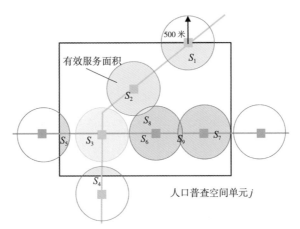

图 3-4　一个空间单元的轨道交通站点的有效服务范围计算方法图示

1500 米三个服务圈层，轨道交通站点的 500 米服务圈层覆盖 118 个空间单元
（图 3-5a），500—800 米服务圈层覆盖 122 个空间单元（图 3-5b），800—1500 米
服务圈层覆盖 129 个空间单元（图 3-5c）。

　　基于三个服务圈层叠加后的空间格局，65 个空间单元达到轨道交通网络有效
服务范围的全覆盖，6 个空间单元则是有效服务范围的盲区，其余 64 个空间单元
均为部分覆盖。如图 3-6 所示，轨道交通网络有效服务范围的空间分布具有三个
基本特征：其一是内环内地区的块状格局，内环内的空间单元面积较小，轨道交通
站点密度较高，并且 97% 的换乘站都位于此区域，因而各个空间单元的有效服务
范围覆盖率都达到或接近 100%，整体覆盖率达到 95% 以上，各个站点的有效服务

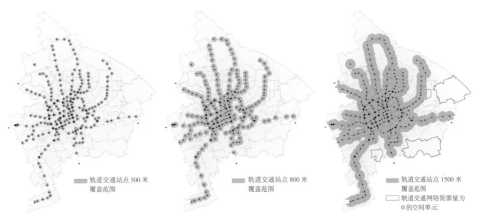

图 3-5a　轨道交通站点 500 米服务　　图 3-5b　轨道交通站点 800 米服务　　图 3-5c　轨道交通站点 1500 米服
圈层覆盖的空间单元　　　　　　　　　圈层覆盖的空间单元　　　　　　　　　务圈层覆盖的空间单元

范围连绵成片，呈现出块状格局。其二是内中环圈层的网状格局，内中环圈层的空间单元面积中等，轨道交通站点密度比内环内地区有所降低，有效服务范围的整体覆盖率达到 70% 左右，轨道交通线路的有效服务范围形成网状格局，网络中间依然留存服务盲区。其三是中外环圈层的线状格局，中环线以外的空间单元面积较大，轨道交通站点间距也进一步增大，该区域有效服务范围的整体覆盖率仅为 40%。各个轨道交通线路向外放射延伸，轨道交通线路的有效服务范围呈现线状格局，轨道交通走廊之间出现明显的服务盲区。

3.2.4　轨道交通网络服务水平的空间分布

如图 3-7 所示，研究范围内 135 个空间单元的轨道交通网络服务水平可以分为 4 个区段，包括很高（2.1—3.0）、较高（1.1—2.0）、较低（0.5—1.0）和很低（0—0.4）。如表 3-1 所示，轨道交通网络服务水平很低的空间单元数量最多和面积占比最高，分别为 44 个和 60.3%，包含 6 个空间单元位于轨道交通网络的服务盲区；其次是服务水平较低的空间单元，分别为 40 个和 27.2%；服务水平较高和很高的空间单元数量分别为 28 个和 23 个，面积占比分别为 8.0% 和 4.5%。

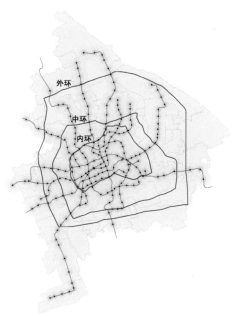

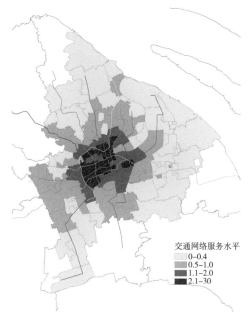

交通网络服务水平
0—0.4
0.5—1.0
1.1—2.0
2.1—30

图 3-6　轨道交通网络有效服务范围的空间分布　　　图 3-7　轨道交通网络服务水平的空间分布

不同轨道交通网络服务水平的空间单元数量和面积及其占比　　表 3-1

等级	服务水平	空间单元数量		空间单元面积	
		数量（个）	占比（%）	面积（平方公里）	占比（%）
很高	2.1—3.0	23	17.0	49.50	4.5
较高	1.1—2.0	28	20.8	88.61	8.0
较低	0.5—1.0	40	29.6	299.53	27.2
很低	0—0.4	44	32.6	663.38	60.3
合计	—	135	100.0	1101.02	100.0

　　统计检验表明，轨道交通网络服务水平的空间分布存在地域维度和圈层维度的显著差异（图 3-8）。在地域维度，浦西地区的轨道交通网络服务水平显著高于浦东地区，分别为 0.59 和 0.29，浦西是浦东地区的约 2 倍；在圈层维度，轨道交通网络服务水平呈现从核心到外围的依次递减格局，内环内、内中环、中外环和外环外圈层的轨道交通网络服务水平分别为 1.69、0.67、0.35 和 0.20，内环内的轨道交通网络服务水平显著高于其他三个圈层，分别是内中环、中外环和外环外的约 2.5 倍、4.8 倍和近 8.5 倍。

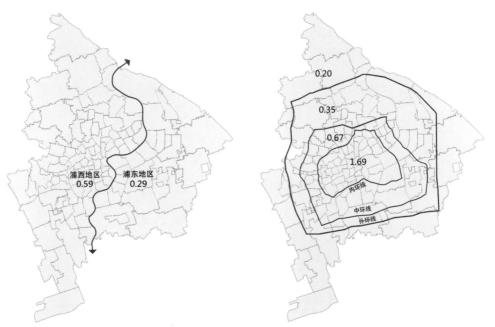

图 3-8a　轨道交通网络服务水平空间分布的地域维度差异

图 3-8b　轨道交通网络服务水平空间分布的圈层维度差异

第 4 章

轨道交通网络分布的社会公平绩效评价和分析

4.1　轨道交通网络分布的社会公平绩效的总体水平

统计分析表明，常住人口密度分布和轨道交通网络服务水平分布呈现较高的正相关关系，Pearson 相关性 0.575，在 0.01 水平上显著。这表明，常住人口密度较高的空间单元拥有较高的轨道交通网络服务水平。如图 4-1 所示，依然存在少数空间单元偏离线性分布的总体趋势，可以分为两种类型：一种是常住人口密度较高而轨道交通网络服务水平较低的空间单元，包括定海路街道、大桥街道、临汾路街道、虹梅路街道等，此类空间单元中轨道交通网络服务资源的人均水平显著低于研究范围的平均水平；第二种是常住人口密度较低而轨道交通网络服务水平较高的空间单元，包括徐家汇街道、湖南路街道、天平路街道、天目西路街道、静安寺街道等，此类空间单元中轨道交通网络服务资源的人均水平显著高于研究范围的平均水平。

基于洛伦兹曲线（图 4-2、表 4-1），轨道交通网络服务水平在上海中心城区常住人口中分配依旧存在一定差异。在人均享有轨道交通网络资源较少的常住人口

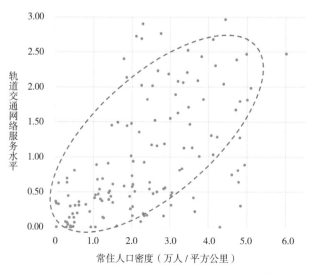

图 4-1　各个空间单元的常住人口密度和交通网络服务水平散点图

中，10% 的常住人口仅享有 0.9% 的轨道交通网络资源，20% 的常住人口仅享有 4% 的轨道交通网络资源；30% 的常住人口仅享有 9% 的轨道交通网络资源；在人均享有轨道交通网络资源较多的常住人口中，10% 的常住人口享有 26% 的轨道交通网络资源，20% 的常住人口享有 44% 的轨道交通网络资源，30% 的常住人口享有 56% 的轨道交通网络资源。

等比例常住人口享有轨道交通网络资源的累计比重　　　　表 4-1

常住人口累计比重（%）	轨道交通网络资源累计比重（%）
0	0
10	0.9
20	4.0
30	9.0
40	15.0
50	23.0
60	33.0
70	44.0
80	56.0
90	75.0
100	100.0

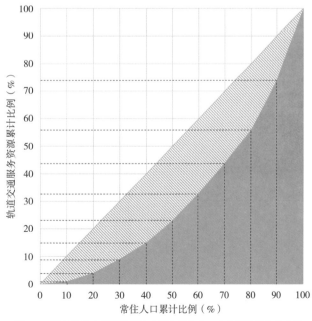

图 4-2　测度轨道交通网络服务水平在常住人口中分配的洛伦兹曲线

作为洛伦兹曲线的计算公式,基尼系数的数学含义是图 4–2 中斜线填充部分占右下三角形面积的比例。2010 年上海市中心城区轨道交通网络资源在常住人口中分配的基尼系数为 0.394。依据联合国关于收入分配公平性的衡量标准 : 基尼系数低于 0.2,收入分配处于绝对平均状态 ; 基尼系数在 0.2—0.3 之间,收入分配处于比较平均状态 ; 基尼系数在 0.3—0.4 之间,收入分配处于相对合理状态 ; 基尼系数在 0.4—0.5 之间,收入分配处于差距较大状态;基尼系数在 0.5 以上,收入分配处于差距悬殊状态。如果参照联合国关于收入分配公平性的衡量标准,轨道交通网络资源分布的基尼系数处于相对合理状态。当然,收入分配与轨道交通网络资源分配不能进行简单类比,需要在大量的实证调查基础上,才能提炼轨道交通网络资源分配公平性的基尼系数衡量标准。但是,基尼系数和洛伦兹曲线为轨道交通网络服务资源分布的社会公平绩效进行同一城市的历时性比较和不同城市的共时性比较提供了研究基础。

4.2   轨道交通网络分布的社会公平绩效的空间格局

统计检验表明,人均轨道交通网络服务水平分布在地域维度并不存在显著差异 (图 4–3a),但在圈层维度存在显著差异 (图 4–3b)。其一,尽管浦西地区的轨道交通网络服务水平显著高于浦东地区,但浦东地区的常住人口密度显著低于浦西地区,由此导致浦西地区和浦东地区的人均轨道交通网络服务水平并不存在显著差异。其二,轨道交通网络的常住人口人均服务水平总体上呈现从核心到外围的递减趋势,但外环外的人均服务水平超过了中外环,内环内地区的人均服务水平显著高于其他圈层,内环内、内中环、中环外和外环外圈层的人均服务水平分别为 58.96 平方米 / 人、36.51 平方米 / 人、25.29 平方米 / 人和 28.69 平方米 / 人。

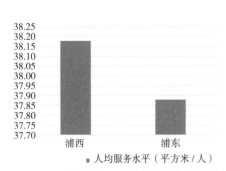

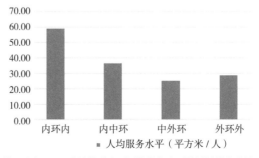

图 4–3a   人均轨道交通网络服务水平的地域维度差异   图 4–3b   人均轨道交通网络服务水平的圈层维度差异

　　基尼系数和洛伦兹曲线考察了轨道交通网络分布的社会公平绩效的总体水平，在此基础上，可以采用各个空间单元的人均享有轨道交通网络服务水平的区位熵，识别社会公平绩效的空间分布格局。

　　基于统计学原理，可以将各个空间单元的区位熵分为五档（表4-2、图4-4），包括区位熵极高、较高、中等、较低和极低的空间单元。其中，区位熵最高和最低的9.6%空间单元是需要重点考察的异常空间单元，区位熵极低空间单元的轨道交

各个空间单元的人均轨道交通网络服务水平的区位熵分档　　　　表4-2

区位熵分档	区位熵值	空间单元数量		空间单元面积		常住人口	
		个	占比（%）	平方公里	占比（%）	万人	占比（%）
极高	>2.62	13	9.6	71.79	6.5	38.89	2.8
较高	1.24—2.62	36	26.7	214.77	19.5	326.01	23.5
中等	0.75—1.24	35	25.9	339.66	30.8	462.59	33.3
较低	0.18—0.74	38	28.1	317.78	28.9	451.77	32.5
极低	<0.18	13	9.6	157.01	14.3	110.23	7.9
合计	—	135	100.0	1101.01	100.0	1389.48	100.0

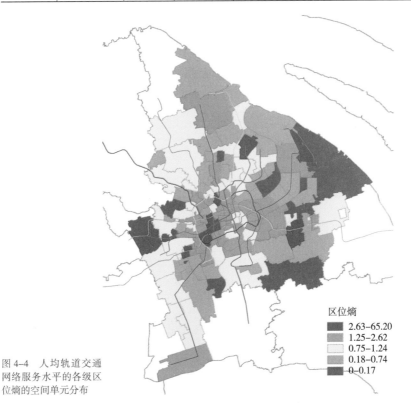

区位熵
■ 2.63—65.20
▨ 1.25—2.62
□ 0.75—1.24
▨ 0.18—0.74
■ 0—0.17

图4-4　人均轨道交通网络服务水平的各级区位熵的空间单元分布

通网络服务资源的人均水平小于研究范围人均水平的 20%，区位熵极高空间单元的
轨道交通网络服务资源的人均水平是研究范围人均水平的 2.6 倍多。

4.3 轨道交通网络分布的社会公平绩效异常空间单元

4.3.1 轨道交通网络人均服务水平区位熵极高的空间单元

如表 4-3 所示，区位熵极高的 13 个空间单元的共同特点是轨道交通网络地均
服务水平高于常住人口密度。8 个空间单元的轨道交通网络地均服务水平较低或很
低，但常住人口密度更低；5 个空间单元的轨道交通网络地均服务水平很高，而常
住人口密度较高或较低。

基于地理区位和主导功能，区位熵极高的 13 个空间单元大致可以分为 5 种类
型（表 4-4、图 4-5）。第一类是公共活动中心所在地区，包括静安寺街道、湖南
路街道、徐家汇街道、天平路街道，尽管常住人口密度并不很低，但轨道交通网络
服务水平更高；第二类是对外交通门户所在地区，包括新虹街道、程家桥街道和天
目西路街道，常住人口密度很低，但轨道交通网络服务水平很高或相对较高；第三

区位熵极高空间单元的常住人口密度和轨道交通网络地均服务水平   表 4-3

序号	空间单元名称	区位熵	常住人口密度		轨道交通网络地均服务水平	
			人/平方公里	分级	地均服务水平	分级
1	静安寺街道	3.02	18586	较低	2.14	很高
2	湖南路街道	3.39	21105	较高	2.72	很高
3	徐家汇街道	3.33	22853	较高	2.90	很高
4	天平路街道	3.13	22527	较高	2.69	很高
5	新虹街道	3.43	3407	很低	0.45	较低
6	程家桥街道	5.38	3100	很低	0.64	较低
7	天目西路街道	3.53	17890	较低	2.40	很高
8	张江高科技园区（西）	9.62	892	很低	0.33	很低
9	外高桥保税区	65.16	148	很低	0.37	很低
10	漕河泾新兴技术开发区	18.58	888	很低	0.63	较低
11	新江湾城街道	5.86	3112	很低	0.69	较低
12	张江镇（中）	4.23	5003	很低	0.81	较低
13	高东镇（西）	27.93	319	很低	0.34	很低

轨道交通网络服务水平区位熵极高的空间单元分类　　表4-4

序号	空间单元名称	地理区位	地域类型
1	静安寺街道	核心	公共活动中心所在地区
2	湖南路街道	核心	
3	徐家汇街道	核心	
4	天平路街道	核心	
5	新虹街道	核心	对外交通门户所在地区
6	程家桥街道	外围	
7	天目西路街道	外围	
8	张江高科技园区（西）	中部	大型产业园区所在地区
9	外高桥保税区	外围	
10	漕河泾新兴技术开发区	中部	
11	新江湾城街道	中部	尚未完全入住的新建住区
12	张江镇（中）	中部	
13	高东镇（西）	外围	尚未完全开发的城乡结合部位

图4-5　轨道交通网络人均服务水平区位熵极高的各类空间单元分布

类是大型产业园区所在地区，包括张江高科技园区（西）、外高桥保税区和漕河泾新兴技术开发区，尽管轨道交通网络服务水平很低，但常住人口密度更低；第四类是尚未完全入住的新建住区，包括新江湾城街道和张江镇（中），尽管轨道交通网络服务水平较低，但常住人口密度更低；第五类的高东镇（西）是尚未完全开发的城乡结合部位，尽管轨道交通网络服务水平很低，但常住人口密度更低。

4.3.2　轨道交通网络人均服务水平区位熵极低的空间单元

如表 4-5 所示，区位熵极低的 13 个空间单元的共同特点是轨道交通网络地均服务水平高于常住人口密度。8 个空间单元的常住人口密度较低或很低，但轨道交通网络地均服务水平更低；5 个空间单元的常住人口密度较高或很高，而轨道交通网络地均服务水平很低。

基于地理区位，区位熵极低的 13 个空间单元大致可以分为两种类型（表 4-6、图 4-6）。第一类是位于中部（中环线以内或两侧）的 5 个空间单元，包括大桥街道、定海路街道、金桥镇（南）、长征镇（南）、虹梅路街道（北），常住人口密度高低不等，但轨道交通网络服务水平都很低；第二类是位于外围（中环线以外）的 8 个空间单元，常住人口密度也是高低不等，但轨道交通网络服务水平也都很低。

区位熵极低空间单元的常住人口密度和轨道交通网络地均服务水平　　　　表 4-5

序号	空间单元名称	区位熵	常住人口密度		轨道交通网络地均服务水平	
			人 / 平方公里	分级	地均服务水平	分级
1	金桥镇（北）	0	2977	很低	0	很低
2	曹路镇	0	4027	很低	0	很低
3	康桥镇	0	4220	很低	0	很低
4	华泾镇	0	9288	很低	0	很低
5	金桥镇（南）	0.04	4683	很低	0.01	很低
6	高东镇（东）	0.09	4005	很低	0.01	很低
7	金桥镇（中）	0	10532	较低	0	很低
8	定海路街道	0	16061	较低	0.01	很低
9	长征镇（南）	0.02	22438	较高	0.08	很低
10	大桥街道	0.09	28388	较高	0.16	很低
11	临汾路街道	0.14	36548	很高	0.22	很低
12	虹梅路街道（北）	0.16	48347	很高	0.30	很低
13	虹梅路街道（南）	0	43110	很高	0	很低

轨道交通网络人均服务水平区位熵极低的空间单元分类　　　表 4-6

序号	空间单元名称	地理区位	地域类型
1	大桥街道	中部	位于中部地区
2	定海路街道	中部	
3	金桥镇（南）	中部	
4	长征镇（南）	中部	
5	虹梅路街道（北）	中部	
6	临汾路街道	外围	位于外围地区
7	金桥镇（北）	外围	
8	曹路镇	外围	
9	康桥镇	外围	
10	华泾镇	外围	
11	高东镇（东）	外围	
12	金桥镇（中）	外围	
13	虹梅路街道（南）	外围	

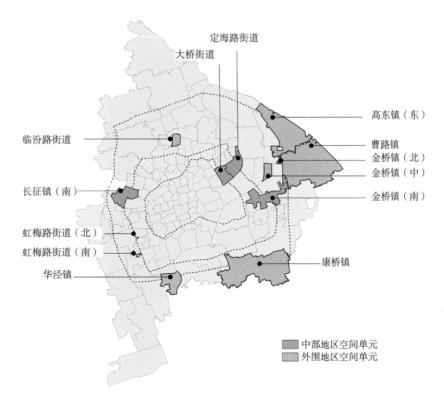

图 4-6　轨道交通网络人均服务水平区位熵极低的各类空间单元分布

第5章

轨道交通网络分布的社会正义绩效评价和分析

5.1 轨道交通网络的重点需求群体

5.1.1 低收入群体作为特定需求人群

"六普"统计数据包含常住人口总数，但并未涉及常住人口的收入信息，因此需要通过其他途径近似地表征常住人口中的低收入群体。根据陆学艺主编的《当代中国社会阶层研究报告》，当代中国社会的阶层分化已经越来越趋向于表现为职业的分化，可分为上层、中上层、中中层、中下层和底层五个社会地位等级。其中，社会中下层包括个体劳动者、一般商业服务业人员、工人和农民，社会底层包括生活处于贫困状态并缺乏就业保障的工人、农民和无业、失业、半失业者。在上海外来人口社会空间结构演化研究中，唐安静（2012）将外来人口的经济属性划分为白领职业者、蓝领职业者和农林牧渔水利业生产人员三类，后两类中所包含的商业服务业人员、农林牧渔水利业生产人员、生产运输设备操作人员及有关人员和不便分类的其他从业人员属于《当代中国社会阶层研究报告》中定义的中下层和底层社会等级。

综合以上两项研究，本研究采用的常住人口中低收入群体总数为"六普"常住人口中的商业服务业人员、农林牧渔水利业生产人员、生产运输设备操作人员及有关人员和不便分类的其他从业人员的总和，但需要说明两个方面。其一，本研究并未涵盖无业人群，根据"六普"主要数据公报显示，截至2010年，虽然上海市未工作人口占总常住人口比例达到35.5%，但其中因在校学习、料理家务、离退休等原因未工作者的占比达到28.6%，这三类人群并不具有通勤特性，不属于轨道交通的主要使用人群，故不纳入本研究的弱势群体。而针对其他无业人员数量，在"六普"数据中并无准确统计，故不计入本研究特定需求群体之中。其二，本研究采用"六普"的长表数据是以常住人口总量10%进行的抽样调查，因此常住人口中低收入群体总数进行扩大10倍的数据处理。2010年本研究范围内常住人口1390.25万人，占全市总常住人口总数的60.4%，低收入人口为387.9万人，占研究范围内常住人口的27.9%。

5.1.2　低收入群体的空间分布格局

如图 5-1 所示，2010 年本研究范围内的低收入人口密度的空间分布呈现地域维度和圈层维度的显著差异。在地域维度，浦西和浦东地区的低收入人口密度分别为 4099 人／平方公里和 2589 人／平方公里，浦西地区的低收入人口密度显著高于浦东；在圈层维度，低收入人口密度的空间分布呈现从核心到外围的依次递减趋势，内环内、内中环、中外环和外环外分别为 6670 人／平方公里、4438 人／平方公里、3335 人／平方公里和 2430 人／平方公里，内环内是外环以外的 2.7 倍。如果将低收入人口密度划分为 5 个区段，低收入人口密度的空间分布呈现从核心到外围的递减趋势（表 5-1、图 5-2）。还值得关注的是，低收入人口密度极低和较低的空间单元数量占比分别为 34.1% 和 30.4%，而人口占比分别为 37.8% 和 36.1%，表明低收入人口密度极低和较低的空间单元承载了相对较高比例的低收入人口（表 5-1）。

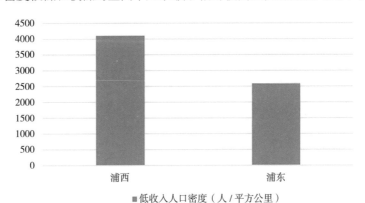

图 5-1a　低收入人口密度分布的地域维度差异

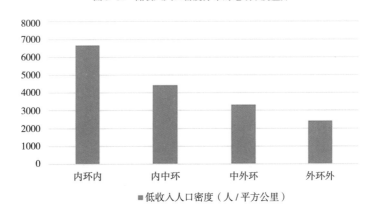

图 5-1b　低收入人口密度分布的圈层维度差异

各个区段的低收入人口密度单元的数量、用地、人口及其占比   表 5-1

低收入人口密度区段（万人/平方公里）	层级	单元数量		单元用地		低收入人口	
		个	占比（%）	平方公里	占比（%）	万人	占比（%）
<0.4	极低	46	34.1	691.51	62.8	146.73	37.8
0.4—0.6	较低	41	30.4	294.22	26.7	140.00	36.1
0.6—0.8	中等	18	13.3	56.95	5.2	39.89	10.3
0.8—1.0	较高	17	12.6	35.59	3.2	32.47	8.4
>1.0	极高	13	9.6	22.74	2.1	28.81	7.4
合计	—	135	100.0	1101.01	100.0	387.9	100.0

5.2　社会正义绩效的总体水平

统计分析表明，低收入人口密度分布和轨道交通网络服务水平分布呈现正相关关系，Pearson 相关性 0.459，在 0.01 水平上显著。这表明，低收入人口密度较高的空间单元拥有较高的轨道交通网络服务水平。如图 5-2 所示，依然存在少数空间单元偏离线性分布的总体趋势，可以分为两种类型：一种是低收入人口密度较高而

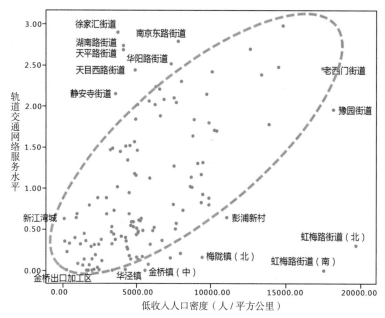

图 5-2　各个空间单元的低收入人口密度和轨道交通网络服务水平散点图

轨道交通网络服务水平较低的空间单元，例如华泾镇、金桥镇、梅陇镇、彭浦新村街道、虹梅路街道等，此类空间单元中低收入人口的人均轨道交通网络资源享有水平显著低于研究范围的平均水平；第二种是低收入人口密度较低而轨道交通网络服务水平较高的空间单元，例如徐家汇街道、南京东路街道、华阳路街道、静安寺街道、天平路街道、天目西路街道等空间单元，此类空间单元中低收入人口的人均轨道交通网络资源享有水平显著高于研究范围的平均水平。

2010 年上海市中心城区的低收入群体占全体常住人口的比重为 27.9%，低收入群体享有轨道交通网络资源的比例为 27.0%，则低收入群体享有轨道交通网络的份额指数为 0.968，表明低收入群体享有轨道交通网络资源的份额略低于社会平均份额，尚未达到社会正义理念的底线要求，但依然处于可以接受的合理区间。

5.3　社会正义绩效的空间分布格局

统计检验表明，低收入人口人均轨道交通网络服务水平分布在圈层维度存在显著差异，但地域维度并不存在显著差异。在圈层维度，低收入人口人均享有轨道交通网络资源水平的空间分布呈现从核心到外围的依次递减趋势，内环内、内中环、中外环和外环外的低收入人口人均享有轨道交通网络资源水平分别为 253.75 平方米 / 人、150.00 平方米 / 人、91.57 平方米 / 人和 83.50 平方米 / 人，内环内的低收入人口人均享有轨道交通网络资源水平是外环外的约 3 倍（图 5–3）。

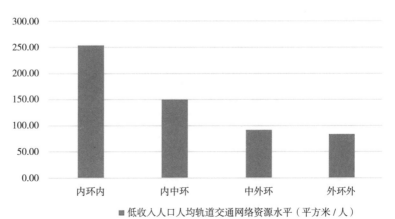

图 5–3　低收入人口人均享有轨道交通网络资源水平的圈层维度差异

份额指数考察了轨道交通网络服务水平分布的社会正义绩效的总体水平，在此基础上，可以采用各个空间单元的低收入人口人均享有轨道交通网络服务水平的区位熵，分析社会正义绩效的空间分布格局。基于统计学原理，可以将各个空间单元的区位熵分为五档（表5-2、图5-4），包括区位熵极高、较高、中等、较低和极低的空间单元。其中，区位熵极高和极低的10.4%空间单元是需要重点考察的异常空间单元。在区位熵极低的14个空间单元，低收入人口的人均享有轨道交通网络资源水平不到研究范围平均水平的15%；在区位熵极高的14个空间单元，低收入人口的人均享有轨道交通网络资源水平大于研究范围平均水平的3.3倍。

各个空间单元的低收入人口人均享有轨道交通网络服务水平的区位熵分档　　表5-2

区位熵分档	单元数量（个）	所占比例（%）	区位熵值
极低	14	10.4	< 0.15
较低	37	27.4	0.15—0.78
中等	33	24.4	0.78—1.41
较高	37	27.4	1.41—3.30
极高	14	10.4	> 3.30

区位熵
- <0.15
- 0.15–0.78
- 0.78–1.41
- 1.41–3.30
- >3.30

图5-4　低收入人口人均享有轨道交通网络服务水平的各级区位熵的空间单元分布

5.4　低收入人口人均轨道交通网络资源水平的区位熵异常空间单元

5.4.1　低收入人口人均轨道交通网络资源水平的区位熵极高空间单元

如图 5-5 所示，基于低收入人口密度和轨道交通网络服务水平，区位熵极高的 14 个空间单元可以分为两种基本类型：一类是轨道交通网络服务水平极低，而低收入人口密度更低的空间单元，包括张庙街道、淞南镇、张江镇（中）、外高桥保税区、张江高科技园区（西）、漕河泾新兴技术开发区、新江湾城街道、程家桥街道等 8 个空间单元；另一类是低收入人口密度中等或较低，而轨道交通网络服务水平较高的空间单元，包括静安寺街道、湖南路街道、天平路街道、徐家汇街道、天目西路街道、虹桥街道等 6 个空间单元。

基于主导功能，区位熵极高的 14 个空间单元大致可以分为 5 种类型（表 5-3）。第一类空间单元是商务或公共活动中心所在地区，包括虹桥街道、徐家汇街道、天平路街道、湖南路街道和静安寺街道；第二类空间单元是对外交通门户所在地区，包括程家桥街道和天目西路街道；第三类空间单元是大型产业园区所在地区，包括漕河泾新兴技术开发区、张江高科技园区（西）、外高桥保税区；第四类空间单元

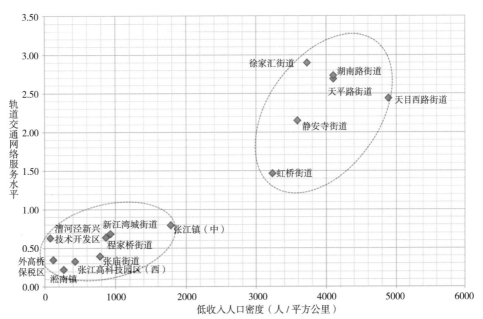

图 5-5　低收入人口人均轨道交通网络资源水平的区位熵极高空间单元的类型解析

低收入人口人均轨道交通网络资源水平的区位熵极高空间单元的类型划分 表5-3

编号	空间单元名称	区位	类型
1	虹桥街道	中部	商务或公共活动中心所在地区
2	徐家汇街道	核心	
3	天平路街道	核心	
4	湖南路街道	核心	
5	静安寺街道	核心	
6	程家桥街道	外围	对外交通门户所在地区
7	天目西路街道	核心	
8	漕河泾新兴技术开发区	中部	大型产业园区所在地区
9	张江高科技园区（西）	中部	
10	外高桥保税区	外围	
11	张江镇（中）	中部	近年新建住区
12	新江湾城街道	中部	
13	淞南镇	外围	外围传统工人新村为主、部分产业聚集
14	张庙街道	外围	

是近年新建住区，包括张江镇（中）和新江湾城街道；第五类空间单元以传统外围工人新村为主，也有部分产业聚集，包括淞南镇和张庙街道。

5.4.2 低收入人口人均轨道交通网络资源水平的区位熵极低空间单元

如图5-6所示，基于低收入人口密度和轨道交通网络服务水平，区位熵极低的14个空间单元可以分为两种基本类型：一类是低收入人口密度极低，而轨道交通网络服务水平更低的空间单元，包括康桥镇、曹路镇、金桥镇（北）、金桥出口加工区、宝山城市工业园区、华泾镇、高东镇（东）、金桥镇（南）、金桥镇（中）、长征镇（南）、定海路街道；另一类空间单元的轨道交通网络服务水平和低收入人口密度差异很大，总体而言，轨道交通网络服务水平显著低于低收入人口密度，包括梅陇镇（北）、虹梅路街道（南）、虹梅路街道（北）。

区位熵极低的14个空间单元的绝大多数都位于外围地区，基于主导功能，大致可以分为三种类型（表5-4）。第一类空间单元是大型产业园区，包括金桥出口加工区和宝山城市工业园区；第二类空间单元是居住功能为主地区，包括金桥镇

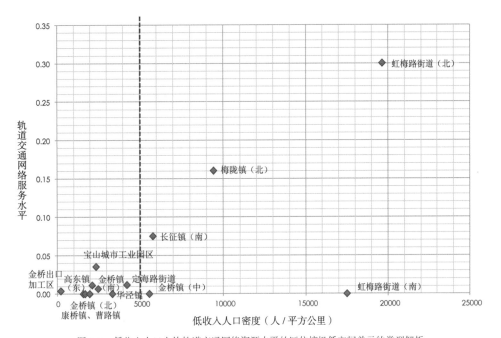

图 5-6　低收入人口人均轨道交通网络资源水平的区位熵极低空间单元的类型解析

（中）、梅陇镇（北）、长征镇（南）、虹梅路街道（南）、虹梅路街道（北）；第三类空间单元处于城乡结合部位，现状功能混杂，仍有未建和待建地块，包括华泾镇、康桥镇、曹路镇、高东镇（东）、金桥镇（南）、金桥镇（北）和定海路街道。

低收入人口人均轨道交通网络资源水平的区位熵极低空间单元的类型划分　　表 5-4

编号	空间单元名称	区位	类型
1	金桥出口加工区	外围	大型产业园区
2	宝山城市工业园区	外围	
3	金桥镇（中）	外围	居住功能为主地区
4	梅陇镇（北）	外围	
5	长征镇（南）	外围	
6	虹梅路街道（南）	外围	
7	虹梅路街道（北）	外围	
8	华泾镇	外围	城乡结合部位，现状功能混杂，仍有未建和待建地块
9	康桥镇	外围	
10	曹路镇	外围	
11	高东镇（东）	外围	
12	金桥镇（南）	中部	
13	金桥镇（北）	外围	
14	定海路街道	中部	

第三部分

本部分对于上海中心城区公园绿地分布与全体常住人口分布和特定目标人口分布之间空间匹配的社会公平和正义绩效进行评价和分析，上海中心城区的地域范畴与整个研究工作保持一致。

我国城市绿地分类的第一个规范文件是 1963 年国家建筑工程部颁布的《关于城市园林绿化工作的若干规定》，城市绿地分成公共绿地、园林绿化生产用绿地、专用绿地、风景区绿地和特殊用途绿地五大类，其中公共绿地包括各类公园、植物园、动物园、街道绿地和广场绿地等。1991 年实施的《城市用地分类与规划建设用地标准》GBJ 137—1990 把城市绿地分为公共绿地和生产防护绿地，其中的公共绿地包括公园和街头绿地，是指"向公众开放，有一定游憩设施的绿化用地，包括其范围内的水域"。

现行的《城市用地分类与规划建设用地标准》GB 50137—2011 采用"公园绿地"而不是"公共绿地"的表述方式，公园绿地指"向公众开放，以游憩为主要功能，兼具生态、美化、防灾等作用的绿地"。本研究的空间范围是上海市中心城区，《上海市城市规划管理技术规定》（2011）仍然使用"公共绿地"的表述方式，公共绿地是指"向公众开放，有一定游憩设施或装饰作用的绿化用地，包括各类公园和街头绿地"。

本研究涉及两类数据来源。其一，在综合参考 2010 年谷歌卫星航拍图、2010 年上海外环城区图、上海中心城区控规用地拼合图以及《上海市基本生态网络规划》中的市域生态用地现状图（2008）等资料的基础上，绘制 2010 年上海中心城区公共绿地分布数据。其二，与其他部分的研究工作相同，全体常住人口和特定目标人口的分布数据来自 2010 年第六次全国人口普查的上海市数据，以街道 / 镇为空间单元。

3

上海中心城区公共绿地分布的社会绩效评价和分析

第6章

公共绿地服务水平的空间分布格局

6.1 上海公共绿地规划和建设历程简述

1983 年，上海首次将绿化系统专项规划纳入城市总体规划的编制范畴，提出积极开辟沿江沿河绿化，中心城绿化覆盖率提高到 20% 和人均公共绿地面积提高到 3 平方米。1986 年国务院《关于上海市城市总体规划方案的批复》指出，要保护好现有绿地，同时结合旧区改造和工厂外迁努力扩大绿地面积。2002 年批复的《上海市城市绿地系统规划（2002—2020）》提出，至 2005 年内环线内消除公共绿地的500 米服务盲区，至 2010 年基本消除外环线内公共绿地的 500 米服务盲区。同年开始编制的《上海市中心城公共绿地规划》提出，以"一纵两横三环"为骨架、"多园多片"为基础、"绿色廊道"为网络的规划结构，其中"一纵"指黄浦江沿岸地带，"两横"指延安路至世纪大道轴线和苏州河沿线，"三环"指外环、中环和水环，同时进一步强调中心城要消除公共绿地的 500 米服务盲区。2004 年《上海市中心城区公共绿地实施规划》获批通过，规划利用旧城改造腾挪用地新增公共绿地 12 处。

根据高怡俊（2010）对上海中心城区公共绿地空间分布的研究，上海绿地建设进程可分为三个阶段，包括 1949—1978 年的缓慢发展期、1978—1998 年的稳定增长期和 1999 年以来的快速发展期。1999 年以来，历年公共绿地建设的重点地区有所变化：1999 和 2000 年，新增公共绿地的绝大多数分布在浦西；2001 年浦东地区的公共绿地建设推进速度加快，同时中环线内的新增公共绿地向快速路两侧集聚；从 2002 年开始，新增公共绿地在空间上表现出向快速路和苏州河两侧集聚趋势和向核心区域的内聚趋势，2002—2006 年之间内环线内新增公共绿地 57 处，其中仅有 3 处位于浦东，浦西的城市中心地区成为公共绿地建设的重点，2006 年近 80%的新增公共绿地分布在内环线以内，这可能与《上海市城市绿地系统规划（2002—2020）》中提出的内环线内消除公共绿地的 500 米服务盲区相关；2007—2008 年，公共绿地增长趋于平衡，空间分布特征并不明显。综上所述，在近年来上海中心城区公共绿地建设的快速发展过程中，浦西地区的新增公共绿地数量多于浦东地区，核心圈层的新增公共绿地数量多于外围圈层，同时快速路和苏州河沿线的公共绿地数量增加较为明显。

6.2　公共绿地服务水平的计算方法

本研究选择《上海市控制性详细规划技术准则》（2011 年）对于公共绿地的相关规定作为确定公共绿地等级和服务半径的依据。公共绿地分为四级，包括市级、区级、社区级和社区级以下。其中，市级、区级、社区级公共绿地均有相应的占地面积和服务半径规定（表 6-1），社区级以下公共绿地则按人均面积指标控制。

各级公共绿地的设置标准　　表 6-1

绿地等级	占地面积（公顷）	服务半径（米）
市级绿地	≥ 10	5000
区级绿地	≥ 4	2000
社区级绿地	≥ 0.3	500—1000

资料来源：依据《上海市控制性详细规划技术准则》（2011 年）

如表 6-2 所示，参照以上设置标准，将研究范围内 0.3 公顷及以上的公共绿地分为三个等级：10 公顷及以上为市级绿地，服务半径为 5000 米，包括世纪公园、上海动物园、上海植物园等；4—10 公顷为区级绿地，服务半径为 2000 米，包括陆家嘴绿地、徐家汇公园等；0.3—4 公顷为社区级绿地，服务半径为 1000 米，包括各类小型公园和街头绿地等。各级公共绿地共计 768 处，总面积 2715.6 公顷，占研究范围的 2.47%。

研究范围内各级公共绿地数量和面积一览表　　表 6-2

绿地等级	数量		面积	
	个数	比例（%）	公顷	比例（%）
市级绿地	36	4.69	1404.7	51.73
区级绿地	82	10.68	484.2	17.83
社区级绿地	650	84.64	826.8	30.45

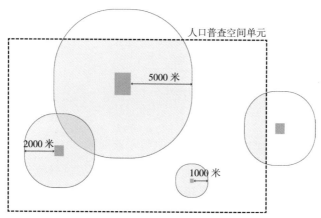

图 6-1　一个空间单元中公共绿地的有效服务面积计算规则图示

公共绿地服务水平评价方法需要关注普适性，为同一城市的历时性比较和不同城市的共时性比较提供方法体系。为此采用一个空间单元内公共绿地的有效服务面积之和与该空间单元面积的比值作为该空间单元的公共绿地服务水平的定量指标（公式 6-1）。

$$LD_j = M_j / A_j \qquad （公式 6-1）$$

式中：LD_j 为 j 空间单元中公共绿地服务水平；M_j 为 j 空间单元中各级公共绿地（包括市级、区级、社区级公共绿地）的有效服务面积之和，即公共绿地资源总量；A_j 为 j 空间单元面积。

还需要指出，公共绿地的有效服务面积计算应当遵循如下规则（图 6-1）：其一，即使一处公共绿地位于空间单元范围以外，但该公共绿地的有效服务范围位于空间单元以内部分应计入该空间单元的公共绿地有效服务面积；其二，如果两处公共绿地的有效服务范围部分重叠，则重叠部分应当重复计入公共绿地有效服务面积。

6.3　市级公共绿地服务水平的空间分布格局

在各级公共绿地中，市级公共绿地的数量占比仅为 4.69%，而面积占比则是 51.73%。市级公共绿地的服务半径为 5000 米，有效服务范围覆盖研究范围总面积的 83.02%，中环以内的各空间单元的覆盖率基本达到 100%（图 6-2）。

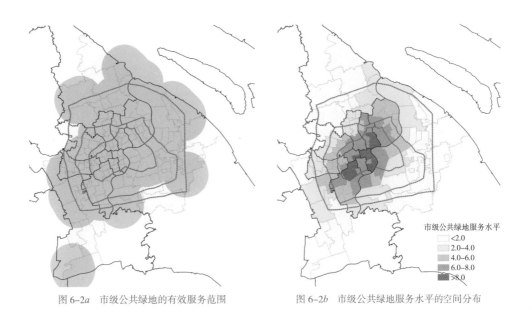

图 6-2a　市级公共绿地的有效服务范围　　　图 6-2b　市级公共绿地服务水平的空间分布

　　市级公共绿地的服务水平呈现从核心到外围逐渐递减的圈层特征。核心区域拥有人民公园、延中绿地、世纪公园等大型公共绿地，以及周边的大宁灵石公园、黄兴公园等的叠加效应，相当数量的空间单元服务水平达到 6.0 以上。其中，市级公共绿地的服务水平高于 9.0 的空间单元包括在徐汇区北部的枫林路街道、天平路街道、湖南路街道和徐家汇街道，虽然以上空间单元内部并不存在市级公共绿地，但其周边分布着延中绿地、中山公园、新虹桥中心花园等众多规模较大的公共绿地。同样，黄浦江沿线的提篮桥街道和外滩街道、靠近延中绿地的南京西路街道等空间单元的服务水平也很高。相比之下，在外环沿线及以外的部分区域，建设时间较短，大型绿地较为稀少，康桥镇、月浦镇、颛桥镇、莘庄工业区和桃浦镇等空间单元的大部分区域未被市级公共绿地有效服务范围覆盖。

6.4　区级公共绿地服务水平的空间分布格局

　　在各级公共绿地中，区级公共绿地的数量和面积占比分别为 10.68% 和 17.83%，在各级绿地中区级公共绿地的总面积占比是最小的。区级公共绿地的服务半径为2000 米，有效服务范围覆盖研究范围的 56.29%（图 6-3）。对比市级公共绿地，区级公共绿地的整体服务水平相对较低，但各个空间单元之间差异也相对较小。除宝

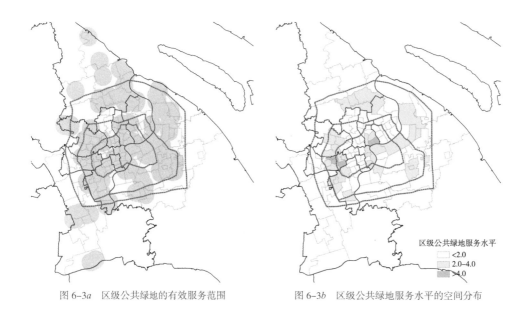

区级公共绿地服务水平
☐ <2.0
▨ 2.0–4.0
▩ >4.0

图 6-3a 区级公共绿地的有效服务范围   图 6-3b 区级公共绿地服务水平的空间分布

山区、闵行区和浦东新区的部分空间单元服务覆盖率较低外，其余空间单元的区级公共绿地服务覆盖率相对均衡。

服务水平最高（大于 4.0）的空间单元包括长宁区东部的周家桥街道、天山路街道、新华路街道以及虹口区南部的提篮桥街道。服务水平相对较高（大于 2.0）的空间单元主要分布在五类区域,包括浦西核心区域内黄浦江沿线的空间单元(外滩街道、小东门街道、半淞园路街道等)、浦东黄浦江沿线的空间单元（高行镇、金杨新村街道、洋泾街道、陆家嘴街道、南码头路街道等）、浦西北侧的新江湾城街道和张庙街道等、浦西西侧内环和中环之间（周家桥街道、虹桥街道、田林街道等）、浦东张江高科技园区及其周边街道。服务水平较低（小于 0.2）的空间单元主要分布在闵行区和浦东新区外围的七宝镇、曹路镇等，以及闸北区北侧的大宁路街道、彭浦镇等。

6.5 社区级公共绿地服务水平的空间分布格局

在各级公共绿地中，社区级公共绿地的数量最多，占总数的 86.64%，但面积占比仅为 30.45%。社区级公共绿地的服务半径为 1000 米，有效服务范围覆盖研究范围的 60.58%，内环内区域的服务覆盖率接近 100%，从核心到外围呈现递减趋势，各空间单元之间社区级公共绿地的服务水平差异较为显著（图 6-4）。

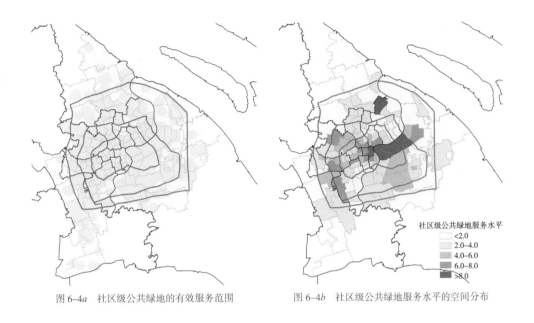

图 6-4a　社区级公共绿地的有效服务范围　　　　图 6-4b　社区级公共绿地服务水平的空间分布

6.6　公共绿地总体服务水平的空间分布格局

　　三级公共绿地的有效服务范围进行叠加，得到研究范围内公共绿地的总体有效服务范围（图 6-5）。外环线以内绝大多数空间单元的公共绿地有效服务范围覆盖率达到或接近 100%，仅宝山区（月浦镇、杨行镇）、闵行区（莘庄工业区、颛桥镇、梅陇镇）和浦东新区（曹路镇、张江镇、康桥镇）的一些外围空间单元的服务覆盖率尚有欠缺。这表明，近年来中心城区的公共绿地建设已经取得了一定成效，外环线以内的绝大部分区域均可享受公共绿地服务，而外环线以外的部分空间单元仍然存在一定数量的村镇或农田。

　　如表 6-3 所示，公共绿地总体服务水平极高（大于 16.0）的 14 个空间单元的空间分布格局呈现出地域维度和圈层维度的显著差异。在地域维度上是浦西多于浦东，10 个空间单元分布在浦西，4 个分布在浦东；在圈层维度上是核心多于外围，10 个空间单元分布在内环内，3 个分布在内中环圈层，1 个分布在中外环圈层。

　　如表 6-4 所示，总体服务水平极低（小于 4.0）的 20 个空间单元的空间分布格局显示圈层维度的显著差异，6 个在中外环圈层，14 个在外环外圈层，主要是外围

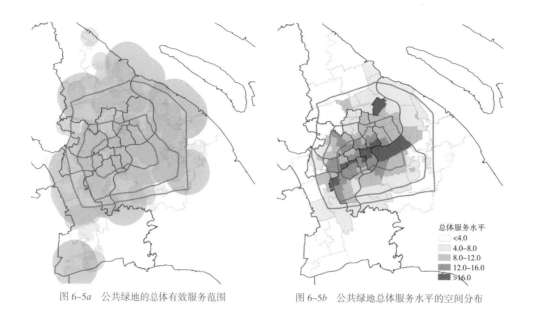

图 6-5*a* 公共绿地的总体有效服务范围   图 6-5*b* 公共绿地总体服务水平的空间分布

总体服务水平
<4.0
4.0-8.0
8.0-12.0
12.0-16.0
>16.0

公共绿地总体服务水平极高空间单元的空间分布格局   表 6-3

	内环内	内中环	中外环	外环外	合计
浦西	7	2	1	0	10
浦东	3	1	0	0	4
合计	10	3	1	0	14

　　的尚未完全建成地区（曹路镇、康桥镇等）和大型产业园区（金桥出口加工区、宝山城市工业园区等）。

　　统计检验表明，公共绿地总体服务水平在地域维度和圈层维度都存在显著差异（图 6-6）。在地域维度，浦西的公共绿地总体服务水平高于浦东，浦西和浦东的总体服务水平分别为 7.31 和 5.55；在圈层维度，核心地区的公共绿地总体服务水平高于外围地区，从核心到外围呈现递减趋势，内环内、内中环、中外环和外环外的

公共绿地总体服务水平极低空间单元的空间分布格局   表 6-4

	内环内	内中环	中外环	外环外	合计
浦西	0	0	2	10	12
浦东	0	0	4	4	8
合计	0	0	6	14	20

公共绿地总体服务水平依次为 13.83、9.14、6.18 和 3.26，内环内的总体服务水平是外环外的 4 倍以上。公共绿地总体服务水平的空间分布格局与近年来上海中心城区公共绿地的建设历程是相吻合的。如前所述，在近年来上海中心城区的公共绿地建设中，浦西地区的新增公共绿地数量多于浦东地区，核心圈层的新增公共绿地数量多于外围圈层。

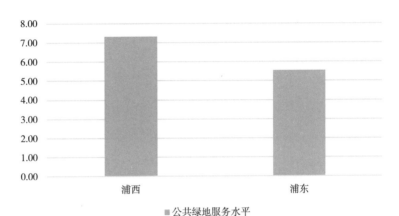

图 6-6a　地域维度的公共绿地总体服务水平差异

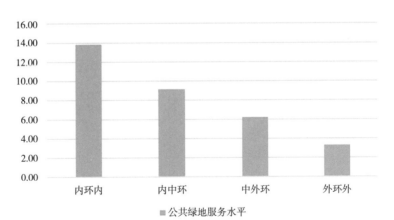

图 6-6b　圈层维度的公共绿地总体服务水平差异

第 7 章

公共绿地分布的社会公平绩效评价和分析

7.1 公共绿地分布的社会公平绩效的总体水平

统计分析表明，常住人口密度和公共绿地服务水平呈现较高程度的正相关关系，Pearson 相关性 0.544，在 0.01 水平上显著。这表明，常住人口密度较高的空间单元拥有较高的公共绿地服务水平。如图 7-1 所示，依然存在少数空间单元偏离线性分布的总体趋势，可以分为两种类型：一种是常住人口密度较高而公共绿地服务水平较低的空间单元，包括彭浦新村街道、延吉新村街道、控江路街道、甘泉路街道、曹杨新村街道和老西门街道等，此类空间单元中公共绿地资源的人均享有水平显著低于研究范围的平均水平；第二种是常住人口密度较低而公共绿地服务水平较高的空间单元，包括新江湾城街道、陆家嘴街道、虹梅路街道、漕河泾新兴技术开发区等，此类空间单元中公共绿地资源的人均享有水平显著高于研究范围的平均水平。

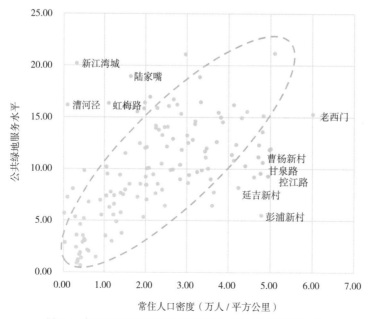

图 7-1　各个空间单元的常住人口密度和公共绿地服务水平散点图

　　基于洛伦兹曲线（图7-2、表7-1），公共绿地服务资源在上海中心城区常住人口之间分配存在一定差异。在人均享有公共绿地服务资源较少的常住人口中，10%的常住人口仅享有4%的公共绿地资源，20%的常住人口仅享有9%的公共绿地资源，30%的常住人口仅享有15%的公共绿地资源；在人均享有公共绿地服务资源较多的常住人口中，10%的常住人口享有25%的公共绿地资源，20%的常住人口享有39%的公共绿地资源，30%的常住人口享有51%的公共绿地资源。

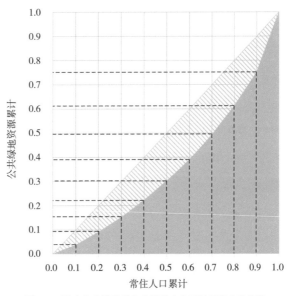

图7-2　测度公共绿地服务水平分布公平性的洛伦兹曲线

等比例常住人口享有公共绿地资源的累计比重　　　　表 7-1

常住人口累计比重（%）	公共绿地资源累计比重（%）
0	0
10	4
20	9
30	15
40	22
50	30
60	39
70	49
80	61
90	75
100	100

作为洛伦兹曲线的计算公式，基尼系数的数学含义是图 7-2 中斜线填充部分占右下三角形面积的比例，2010 年上海市中心城区公共绿地资源分布的基尼系数为 0.294。如果参照联合国关于收入分配公平性的衡量标准，2010 年上海市中心城区公共绿地资源在常住人口中分配处于比较平均状态。当然，收入分配与公共绿地资源分配不能进行简单类比，需要在大量的实证调查基础上，才能提炼公共绿地资源分配公平性的基尼系数衡量标准。但是，基尼系数和洛伦兹曲线为公共绿地分布的社会公平绩效进行同一城市的历时性比较和不同城市的共时性比较提供了研究基础。

7.2　公共绿地分布的社会公平绩效的空间格局

基尼系数和洛伦兹曲线考察了公共绿地分布的社会公平绩效的总体水平，在此基础上，可以采用各个空间单元的人均享有公共绿地资源水平及其区位熵，分析社会公平绩效的空间分布格局。

统计检验表明，人均公共绿地资源水平分布在地域维度存在显著差异，但在圈层维度并不存在显著差异（图 7-3a、图 7-3b）。在地域维度，浦东的人均公共绿地资源水平显著高于浦西，浦东和浦西分别为 685.73 平方米 / 人和 427.23 平方米 / 人，浦东的人均公共绿地资源水平是浦西的 1.6 倍，虽然浦西的地均公共绿地资源水平略高于浦东，但两者常住人口密度差异较大，浦西的常住人口密度远高于浦东。在圈层维度，虽然常住人口分布呈现从核心到外围的逐渐递减趋势，但 2002—2006 年内环内的公共绿地建设较为密集，公共绿地资源水平显著

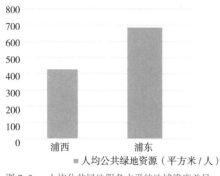

图 7-3a　人均公共绿地服务水平的地域维度差异

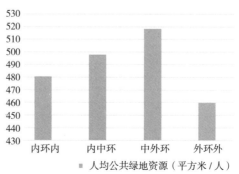

图 7-3b　人均公共绿地服务水平的圈层维度差异

提高，2010 年各个圈层之间已基本实现了公共绿地资源分布和常住人口分布的空间匹配。

基于统计学原理，可以将各个空间单元的人均公共绿地资源水平的区位熵分为五档（表 7-2、图 7-4），包括区位熵极高、较高、中等、较低和极低的空间单元。其中，区位熵最高和最低的 10% 空间单元是需要重点考察的异常空间单元。在区位熵极低的空间单元，区位熵小于 0.50，表明其公共绿地资源的人均水平小于研究范围人均水平的一半；在区位熵极高的空间单元，区位熵大于 2.20，表明其公共绿地资源的人均水平是研究范围人均水平的 2 倍多。

各个空间单元的人均公共绿地资源水平的区位熵分档　　表 7-2

区位熵分档	单元数量（个）	所占比例（%）	区位熵值
极低	14	10.0	< 0.50
较低	36	26.7	0.50—0.77
中等	36	26.7	0.77—1.14
较高	36	26.7	1.14—2.20
极高	13	10.0	> 2.20

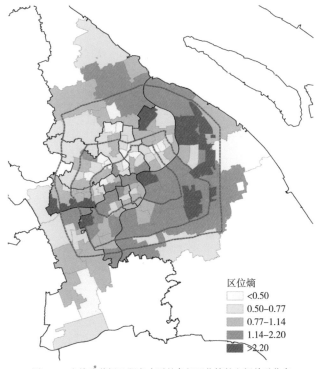

图 7-4　人均公共绿地服务水平的各级区位熵的空间单元分布

7.3 公共绿地人均资源水平分布的异常空间单元解析

7.3.1 公共绿地人均资源水平区位熵极低的空间单元

如表 7-3 所示，区位熵极低的 14 个空间单元的共同特点是公共绿地资源水平低于常住人口密度，但原因不尽相同，可以分为两类。12 个空间单元的常住人口密度极高或较高，但公共绿地资源水平中等或较低；2 个空间单元的常住人口密度极低，但公共绿地服务水平更低。

基于地理区位和主导功能，区位熵极低的 14 个空间单元大致可以分为三种类型（表 7-4、图 7-5）。第一类空间单元是建设年代较早的工人新村；第二类空间单元是局部旧城改造的高开发强度住区，共同特点都是常住人口密度极高或较高，但公共绿地资源水平中等或较低；第三类空间单元包括颛桥镇和曹路镇，是正在建设之中、绿地建设相对滞后的原城乡结合部位，常住人口密度极低，但公共绿地资源水平更低。

区位熵极低空间单元的常住人口密度和公共绿地服务水平　　　　表 7-3

序号	空间单元名称	区位熵	常住人口密度		公共绿地的人均资源水平	
			万人/平方公里	分级	人均有效服务面积（平方米/人）	分级
1	彭浦新村街道	0.239	4.78	极高	5.52	较低
2	曹路镇	0.337	0.40	极低	0.66	极低
3	张庙街道	0.340	3.62	较高	6.46	较低
4	颛桥镇	0.388	0.79	极低	1.49	极低
5	控江路街道	0.390	4.94	极高	9.31	中等
6	广中路街道	0.400	4.23	极高	8.19	中等
7	延吉新村街道	0.414	4.61	极高	9.23	中等
8	甘泉路街道	0.416	4.77	极高	9.58	中等
9	临汾路街道	0.438	3.65	较高	7.75	较低
10	曹家渡街道	0.456	4.82	极高	10.63	中等
11	欧阳路街道	0.485	4.40	极高	10.30	中等
12	曹杨新村街道	0.490	4.71	极高	11.16	中等
13	宝山路街道	0.493	4.98	极高	11.86	中等
14	宜川路街道	0.494	5.01	极高	11.95	中等

公共绿地服务水平区位熵极低的空间单元分类　　　　表7-4

序号	空间单元名称	地理区位	主要功能	地域类型
1	曹杨新村街道	中部	居住	建设年代较早的工人新村
2	欧阳路街道	中部	居住	
3	广中路街道	中部	居住	
4	甘泉路街道	中部	居住	
5	控江路街道	中部	居住	
6	延吉新村街道	中部	居住	
7	彭浦新村街道	中部	居住	
8	张庙街道	中部	居住	
9	临汾路街道	中部	居住	
10	曹家渡街道	中部	居住	局部经过旧城改造的高开发强度住区
11	宜川路街道	核心	居住	
12	宝山路街道	核心	居住	
13	颛桥镇	外围	工业和居住并重，尚有农田	正在建设之中、绿地建设相对滞后的原城乡结合部位
14	曹路镇	外围	工业和居住并重，尚有农田	

图7-5　公共绿地人均资源水平区位熵极低的各类空间单元分布

7.3.2　公共绿地人均资源水平区位熵极高的空间单元

如表 7-5 所示，区位熵极高的 13 个空间单元的共同特点是公共绿地资源水平高于常住人口密度。2 个空间单元的常住人口密度较低，而公共绿地资源水平较高或极高；11 个空间单元的公共绿地资源水平高低不等，但常住人口密度更低。

基于地理区位和主导功能，区位熵极高的 13 个空间单元大致可以分为 5 种类型（表 7-6、图 7-6）。第一类是新兴产业园区，包括张江高科技园区（东）、张江高科技园区（西）、漕河泾新兴技术开发、虹梅路街道（东）、外高桥保税区、金桥出口加工区，此类空间单元内的公共绿地达到一定水平，加之常住人口密度极低，导致人均享有公共绿地资源水平很高。第二类是商务中心地区，包括陆家嘴街道和虹桥街道，此类空间单元拥有较多的公共绿地资源（如陆家嘴街道的滨江绿地和陆家嘴中心绿地、虹桥街道的新虹桥中心花园），加上常住人口密度较低，因而成为人均公共绿地资源很高的空间单元。第三类是大型公共绿地和公共设施所在地区，包括程家桥街道和张江镇（北），程家桥街道包含虹桥机场、上海动物园和西郊宾馆，张江镇（北）包含汤臣高尔夫球场和东郊宾馆，加上常住人口密度较低，因而成为人均公共绿地资源很高的空间单元。第四类是尚未完全入住的新建住区，包括新江湾城街道和张江镇（中），此类空间单元均为近年建设，拥有较为充足的公共绿地资源，

区位熵极高空间单元的常住人口密度和公共绿地资源水平　　　　　　表 7-5

序号	空间单元名称	区位熵	常住人口密度		公共绿地的人均资源水平	
			万人 / 平方公里	分级	人均有效服务面积（平方米 / 人）	分级
1	金桥出口加工区	18.732	0.03	极低	2.89	极低
2	张江高科技园区（西）	16.738	0.09	极低	7.27	较低
3	张江高科技园区（东）	2.408	0.40	极低	4.63	较低
4	外高桥保税区	79.407	0.01	极低	5.69	较低
5	漕河泾新兴技术开发区	37.708	0.09	极低	16.19	极高
6	虹梅路街道（东）	3.060	1.11	极低	16.36	极高
7	程家桥街道	2.340	0.31	极低	3.59	极低
8	张江镇（北）	4.035	0.27	极低	5.36	较低
9	虹桥街道	2.248	1.47	较低	15.98	较高
10	陆家嘴街道	2.403	1.63	较低	18.94	极高
11	新江湾城街道	13.432	0.31	极低	20.21	极高
12	张江镇（中）	4.068	0.50	极低	9.84	中等
13	高行镇	2.295	0.61	极低	6.81	较低

尚未完全入住，因而常住人口密度较低。第五类的高行镇是正在开发之中、靠近大型公共绿地的原城乡结合部位，常住人口密度较低，周边的公共绿地资源较高。

公共绿地服务水平区位熵极高的空间单元分类　　　　　　　　表 7-6

序号	空间单元名称	地理区位	主要功能	地域类型
1	金桥出口加工区	外围	产业	新兴产业园区
2	张江高科技园区（西）	中部	产业	
3	张江高科技园区（东）	外围	产业	
4	外高桥保税区	外围	产业	
5	漕河泾新兴技术开发区	中部	产业	
6	虹梅路街道（东）	中部	产业	
7	陆家嘴街道	核心	商务	商务中心地区
8	虹桥街道	中部	商务	
9	程家桥街道	外围	公共服务	大型公共绿地和公共设施所在地区
10	张江镇（北）	中部	公共服务	
11	新江湾城	中部	居住	尚未完全入住的新建住区
12	张江镇（中）	中部	居住	
13	高行镇	外围	产业和居住并重，尚有农田	正在开发之中、靠近大型公共绿地的原城乡结合部位

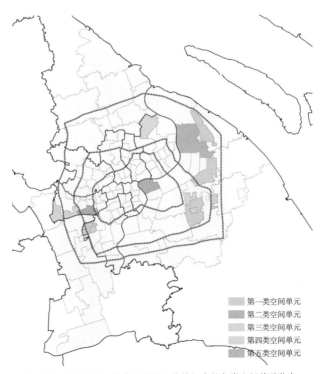

第一类空间单元
第二类空间单元
第三类空间单元
第四类空间单元
第五类空间单元

图 7-6　公共绿地人均资源水平区位熵极高的各类空间单元分布

第8章

公共绿地分布的社会正义绩效评价和分析

8.1 公共绿地的重点需求群体

8.1.1 老龄群体和外来低收入群体作为重点需求人群

一些研究认为，不同社会群体对于公共绿地的需要程度是不同的，某些特定社会群体更加需要公共绿地。江海燕、肖荣波、周春山（2010）分析了广州市中心城区公园绿地使用者的社会分异特征，运用问卷调查和数理统计的方法，按照本地化水平、经济水平和家庭状况等三个主因子，将所有被调查者分为低收入的中老年人、本地中低收入的年轻打工者、高收入的中青年精英、外地低收入的年轻打工者、外地中高收入的年轻白领五类，进而分析各类社会群体对于公共绿地的不同使用特征。该研究发现，中老年人和外地低收入打工者对于公共绿地的使用频率显著高于其他群体。曾当、郑芷青、刘钉（2010）在分析广州市区公园游人特征中，选取若干有代表性的公园，并对游人数量进行抽样调查，认为外来务工人员增多和本地老年市民参与户外休闲锻炼次数增加是近年来广州市区公园使用人数增加的部分重要原因。以上两项研究共同证明了老年人和外地低收入者在公共绿地使用人群中所占比例相对较高，除此以外，另有多项针对老年群体或外来低收入群体的行为需求研究也表明，公共绿地在以上两类群体的日常生活中具有极高的重要性。

陆涵、方可（2013）引用相关统计资料，绿地和公园在老年人最关心的10项设施中位列第二位。王欢等人（2009）分析了老年人对城市公园绿地的需求规律和特征，认为老年人在生理、心理和社会方面都有着自身的特殊需要，而这些特殊需要都能够在公园绿地中得到相当程度的满足，随着人口老龄化的加剧，城市公园中老年人群的数量和比例必定逐步上升。古旭（2013）在对上海公园的游客结构、行为需求及影响因素分析中也发现，所调查公园中的中老年游客比例累积超过70%，其中离退休人员占42.5%，老年群体是公园使用者中占比最高的群体之一。

景晓芬（2013）研究了西安市的空间隔离现象及对外来人口融入城市的影响，调查了西安外来人口的休闲活动特征以及使用各类公共空间的比例和频率，发现外来人口受到经济条件等因素的限制，休闲娱乐活动的外向性较低，以花费较少的活动为主；在各类公共休闲空间中，外来人口使用过各类公园、动物园、植物园的比例是最高的，达到 65.9%，而使用过其他公共空间的比例均不超过 50%，说明公共绿地是外来人口进行休闲娱乐活动的重要空间。在对于上海市外来人口生活方式的研究中，孟庆洁（2007）运用问卷调查的方式，发现免费的城市公共开放空间是外来人口户外休闲活动的主要场所，闲暇时间中选择逛街和逛公园的被调查者比例仅次于作为室内个体活动的看电视、听广播、看书读报等。

8.1.2　老龄人口密度的空间分布格局

按照联合国标准，如果一个国家或地区的 60 岁及以上人口占总人口的比例达到 10%，或 65 岁及以上人口占总人口的比例达到 7%，则认为该国家或地区已进入老龄化社会。世界卫生组织将 60 至 74 岁的人群称为年轻老年人，75 岁及以上人群称为老年人。我国则通常将 60 岁及以上人口定义为老龄人群。本研究中所使用的老龄人群为"六普"的全体常住人口中 60 岁及以上人口。

第六次人口普查的统计资料显示，2010 年上海市 60 岁及以上人口为 346.97 万人，占常住人口总数的 15.10%。研究范围内老龄人口总数 231.82 万人，占常住人口数的 16.67%，略高于全市平均水平，老龄人口密度约为 0.21 万人 / 平方公里，超过全市平均值的 4 倍。

上海市中心城区的老龄人口密度的空间分布格局呈现出地域维度和圈层维度的显著差异（图 8-1）。在地域维度，浦西地区的老龄人口密度显著高于浦东，分别为 3021 人 / 平方公里和 1146 人 / 平方公里，浦西的老龄人口密度是浦东的 2 倍多；在圈层维度，核心圈层的老龄人口密度高于外围圈层，内环内、内中环、中外环和外环外的老龄人口密度依次递减，分别为 5754 人 / 平方公里、3420 人 / 平方公里、1866 人 / 平方公里和 837 人 / 平方公里，内环内的老龄人口密度是外环外的 7 倍多。

8.1.3　外来低收入人口密度的空间分布格局

如 5.1.1 所述，本研究采用的外来低收入人群总数为"六普"外来常住人口中的商业服务业人员、农林牧渔水利业生产人员、生产运输设备操作人员及有关人员和不便分类的其他从业人员的总和。需要说明的是，由于无业外来人口的比重较低，

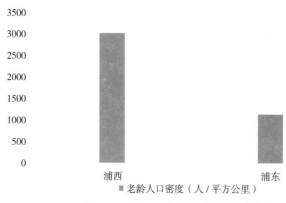

图 8-1*a*　老龄人口密度分布的地域维度差异

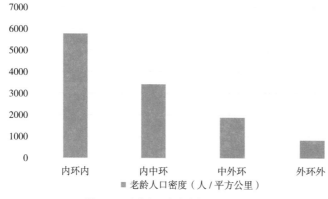

图 8-1*b*　老龄人口密度分布的圈层维度差异

本研究没有涵盖无业外来人口，而以从事工业、农业和一般服务业的外来常住人口近似地代表外来低收入群体。

自 1990 年代以来，外来人口已成为上海常住人口增长的主要来源。"六普"统计资料显示，2010 年上海外来常住人口总量已达 897.7 万人，占全体常住人口的 39.00%。同时，上海外来常住人口呈现以劳动年龄人口为主和迁移原因以"务工经商"为主的特征。从外来就业人口的职业构成来看，生产运输设备操作人员和商业服务业人员分别占外来就业人口的 44.7% 和 34.0%，在职业大类中比例最高，表明绝大多数外来就业人口从事的是低收入工作。

从外来常住人口的空间分布来看，外来常住人口居住最为集中的地区包括浦东新区、闵行区、松江区、嘉定区和宝山区，上述五区共计容纳外来常住人口 575.97 万人，占全市外来常住人口的 64.2%。这些地区相对较多的低收入就业机会、较低的居住成本和相对较为便利的交通条件是吸引外来常住人口的重要因素。在研究范围内，外来低收入人口总数为 255.41 万人，占全体常住人口的 18.37%。

虽然外来低收入人口占全体常住人口比重呈现出浦东高于浦西和外围高于核心的分布特征，但受到常住人口密度空间分异的影响，外来低收入人口密度仍然表现为浦西高于浦东和核心高于外围，但浦东和浦西、核心和外围的差异小于常住人口差异（图 8-2）。

浦西和浦东的外来低收入人口密度分别为 2959 人 / 平方公里和 1856 人 / 平方公里，浦西的外来低收入人口密度为浦东的 1.59 倍；内环内、内中环、中外环和外环外的外来低收入人口密度分别为 4180 人 / 平方公里、2616 人 / 平方公里、2163 人 / 平方公里和 2222 人 / 平方公里，内环内的外来低收入人口密度显著高于其他三个圈层，而其他三个圈层之间差异较小。

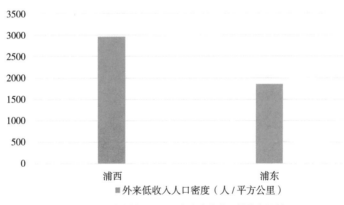

图 8-2a　外来低收入人口密度分布的地域维度差异

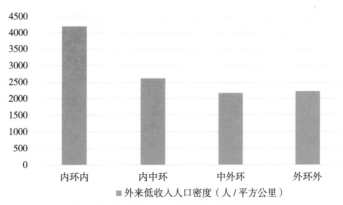

图 8-2b　外来低收入人口密度分布的圈层维度差异

8.2 针对老龄群体的社会正义绩效评价和分析

8.2.1 针对老龄群体的社会正义绩效的总体水平

统计分析表明，老龄人口密度分布和公共绿地资源分布呈现较高程度的正相关关系，Pearson 相关性 0.503，在 0.01 水平上显著。这表明，老龄人口密度较高的空间单元拥有较高的公共绿地资源水平。如图 8-3 所示，依然存在少数空间单元偏离线性分布的总体趋势，可以分为两种类型：一种是常住人口密度较高而公共绿地资源水平较低的空间单元，例如彭浦新村街道、延吉新村街道、控江路街道、甘泉路街道和张庙街道等，此类空间单元中老龄人口的人均公共绿地资源水平显著低于研究范围的平均水平；第二种是老龄人口密度较低而公共绿地资源水平较高的空间单元，例如新江湾城街道、陆家嘴街道、虹梅路街道和漕河泾新兴技术开发区等，此类空间单元中老龄人口的人均公共绿地资源水平显著高于研究范围的平均水平。

2010 年上海市中心城区的老龄人口占常住人口比重为 16.67%，老龄人口享有的公共绿地资源比例为 15.56%，则老龄人口享有公共绿地的份额指数为 0.933，表明老龄人口享有公共绿地资源份额略低于社会平均水平，未能达到社会正义理念的底线要求。

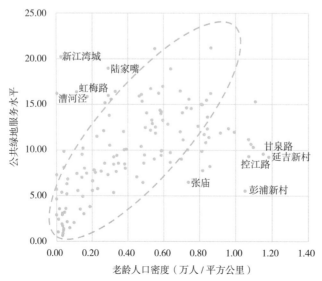

图 8-3　各个空间单元的老龄人口密度和公共绿地服务水平散点图

8.2.2　针对老龄群体的社会正义绩效的空间格局

份额指数考察了公共绿地服务水平分布的社会正义绩效的总体水平，在此基础上，可以采用各个空间单元的老龄人口人均享有公共绿地资源水平及其区位熵，分析社会正义绩效的空间分布格局。

统计检验表明，老龄群体的人均公共绿地资源水平分布在地域维度和圈层维度存在显著差异（图 8-4）。在地域维度，浦东地区的老龄人口人均公共绿地资源水平显著高于浦西，分别为 4846 平方米／人和 2418 平方米／人，浦东地区的老龄人口人均公共绿地资源水平约是浦西的两倍。相比于常住人口，老龄人口分布的浦东地区和浦西地区之间差异更为显著，浦西的老龄人口密度为浦东的近 3 倍，尽管浦西的地均公共绿地资源水平略高于浦东，但浦东的老龄人口人均公共绿地资源水平显著高于浦西。在圈层维度，老龄人口人均公共绿地资源水平呈现从核心到外围的依次递增趋势，内环内、内中环、中外环和外环外的老龄人口人均享有公共绿地资源水平分别为 2404 平方米／人、2673 平方米／人、3309 平方米／人、3895 平方米／人，外环外的老龄人口人均公共绿地资源水平约为内环内的 1.6 倍。虽然常住人口人均公共绿地资源水平并不存在圈层维度的显著差异，但老龄人口更为集聚在建成年代较早的区域，比常住人口表现出更为明显的核心集聚特征，由此导致老龄人口人均公共绿地资源水平呈现从核心到外围的依次递增趋势。

基于统计学原理，可以将各个空间单元的区位熵分为五档（表 8-1、图 8-5），包括区位熵极高、较高、中等、较低和极低的空间单元。其中，区位熵最高和最低的 10% 空间单元是需要重点考察的异常空间单元。

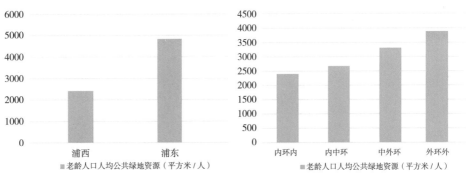

图 8-4a　老龄人口人均公共绿地资源水平的地域维度差异　　图 8-4b　老龄人口人均公共绿地资源水平的圈层维度差异

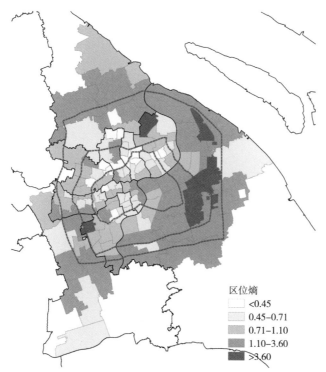

图 8-5 老龄人口人均享有公共绿地服务水平的各级区位熵的空间单元分布

各个空间单元的老龄人口人均享有公共绿地服务水平的区位熵分档　　表 8-1

区位熵分档	单元数量（个）	所占比例（%）	区位熵值
极低	14	10.0	< 0.45
较低	36	26.7	0.45—0.71
中等	36	26.7	0.71—1.10
较高	36	26.7	1.10—3.60
极高	13	10.0	> 3.60

在区位熵极低的 14 个空间单元，老龄人口的人均公共绿地资源水平小于研究范围平均水平的 45%；在区位熵极高的 13 个空间单元，老龄人口的人均公共绿地资源水平大于研究范围平均水平的 3.6 倍。

8.2.3　老龄人口人均公共绿地资源水平的异常空间单元解析

（1）老龄人口人均公共绿地资源水平的区位熵极低空间单元

区位熵极低的 13 个空间单元都分布在浦西，包括内环内 7 个、内中环 4 个、中外环 3 个（图 8-6）。此类空间单元分布与社会公平绩效中区位熵极低的空间单元分布存在较大相似性，主要为建设时间较早、建筑密度和开发强度较高的空间单元，可以分为两种类型。一类是以工人新村为主的空间单元，包括曹杨新村街道、彭浦新村街道、延吉新村街道等；另一类是区位条件较好、经局部改造后原有多层与新建高层住宅混合的空间单元，包括曹家渡街道、宜川路街道、枫林路街道等。这些空间单元不仅常住人口密度均超过 3.0 万人 / 平方公里，而且建设年代较早，聚集了大量的老龄人口，绝大多数空间单元的老龄人口占常住人口比重超过 20%。另外，此类空间单元中通常建筑相对密集，公共绿地资源并不突出。较高的老龄人口密度和相对偏低的公共绿地资源水平共同导致了这些空间单元的老龄人口人均公共绿地资源水平偏低。

（2）老龄人口人均公共绿地资源水平的区位熵极高空间单元

区位熵极高的 14 个空间单元包括 3 个在浦西和 10 个在浦东，均分布在内环线至外环线之间圈层（图 8-7），大致可以分为 4 种类型：其一是大型产业园区，享有一定公共绿地资源，且人口构成以中青年就业人口为主，老龄人口密度极低，包括漕河泾新兴技术开发区、虹梅路街道（东）、张江高科技园区（东、中、西）、外高桥保税区以及金桥出口加工区；其二是尚未完成开发、老龄人口密度较低、但靠近公共绿地资源的空间单元，包括高东镇（西）和金桥镇（南、北）；其三是近年新建住区，环境品质较好，且常住人口密度和老龄人口比重均较低，包括新江湾城

图 8-6　老龄人口人均公共绿地资源水平的区位熵极低空间单元分布

图 8-7　老龄人口人均公共绿地资源水平的区位熵极高空间单元分布

街道和张江镇（中）；其四是张江镇（北），属于近年建成、老龄人口密度低，且有大型公共设施，包括汤臣高尔夫球场、东郊宾馆、上海电影艺术学院等。

8.3   针对外来低收入群体的社会正义绩效评价和分析

8.3.1   针对外来低收入群体的社会正义绩效的总体水平

统计分析表明，外来低收入人口密度分布和公共绿地资源分布呈现较高程度的正相关关系，Pearson 相关性 0.535，在 0.01 水平上显著。这表明，外来低收入人口密度较高的空间单元拥有较高的公共绿地服务水平。如图 8-8 所示，依然存在少数空间单元偏离线性分布的总体趋势，可以分为两种类型：一种是外来低收入人口密度较高而公共绿地资源水平较低的空间单元，例如宝山路街道、芷江西路街道、老西门街道、北站街道和豫园街道等，此类空间单元中外来低收入人口的人均公共绿地资源水平显著低于研究范围的平均水平；第二种是外来低收入人口密度较低而公共绿地资源水平较高的空间单元，例如新江湾城街道和漕河泾新兴技术开发区等，此类空间单元中外来低收入人口的人均公共绿地资源水平显著高于研究范围的平均水平。

2010 年上海市中心城区的外来低收入群体占常住人口比重为 18.37%，外来低收入群体享有的公共绿地资源比例为 20.10%，则外来低收入群体享有公共绿地的

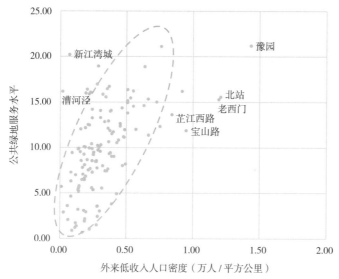

图 8-8   各个空间单元的外来低收入人口密度和公共绿地服务水平散点图

份额指数为 1.194，表明外来低收入群体享有公共绿地资源的份额高于社会平均水平，超越了社会正义理念的底线要求。

8.3.2　针对外来低收入群体的社会正义绩效的空间格局

份额指数考察了公共绿地服务水平分布的社会正义绩效的总体水平，在此基础上，可以采用各个空间单元的外来低收入人口人均公共绿地资源水平及其区位熵，分析社会正义绩效的空间分布格局。

统计检验表明，外来低收入人口人均公共绿地服务水平分布在地域维度和圈层维度存在显著差异（图 8-9）。在地域维度，浦东地区和浦西地区的外来低收入人口人均公共绿地资源分别为 2992 平方米 / 人和 2469 平方米 / 人，浦东地区的外来低收入人口人均享有公共绿地资源是浦西的 1.2 倍。由于浦东外围的产业园区数量较多和规模较大，聚集了大量的外来低收入群体，相比于常住人口和老龄人口，外来低收入人口分布在浦东和浦西之间差距相对较小。虽然浦东地区的外来低收入人口人均公共绿地资源水平略高于浦西，但与常住人口和老龄群体相比，浦东和浦西之间差距相对较小。

在圈层维度，外来低收入人口人均公共绿地资源水平在各个圈层之间差异并不显著，呈现先升后降的变化趋势，但外环外的外来低收入人口人均公共绿地资源明显低于其他三个圈层，内环内、内中环、中外环和外环外的外来低收入人口人均公共绿地资源水平分别为 3309 平方米 / 人、3494 平方米 / 人、2855 平方米 / 人、1468 平方米 / 人。外环外圈层的外来低收入人口占比最高，但这些区域的城市建设往往是相对滞后的，建成环境仍然部分呈现乡村特征，公共绿地相对匮乏。

基于统计学原理，可以将各个空间单元的区位熵分为五档（表 8-2、图 8-10），包括区位熵极高、较高、中等、较低和极低的空间单元。其中，区位熵最高和最低

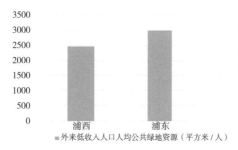

图 8-9a　外来低收入人口人均公共绿地资源水平的 地域维度差异

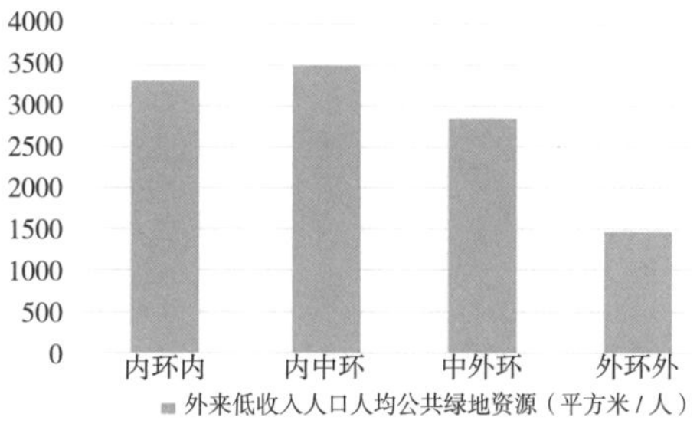

图 8-9b　外来低收入人口人均公共绿地资源水平的圈层 维度差异

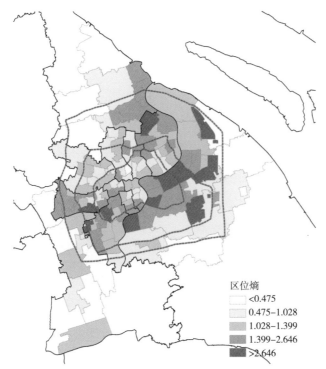

图 8-10 外来低收入人口人均公共绿地资源水平的各级区位熵的空间单元分布

各个空间单元的外来低收入人口人均公共绿地资源水平的区位熵分档   表 8-2

区位熵分档	单元数量（个）	所占比例（%）	区位熵值
极低	13	10.0	< 0.475
较低	36	26.7	0.475—1.028
中等	37	26.7	1.028—1.399
较高	36	26.7	1.399—2.646
极高	13	10.0	> 2.646

的 10% 空间单元是需要重点考察的异常空间单元。

在区位熵极低的 13 个空间单元，外来低收入人口的人均公共绿地资源水平小于研究范围平均水平的 50%；在区位熵极高的 13 个空间单元，外来低收入人口的人均公共绿地资源水平大于研究范围平均水平的 2.6 倍。

8.3.3 外来低收入人口人均公共绿地资源水平的异常空间单元解析

（1）外来低收入人口人均公共绿地资源水平的区位熵极低空间单元

区位熵极低的 13 个空间单元有 9 个在浦西、4 个在浦东（图 8-11）。除宝山路街道以外，其余空间单元均分布在外环线沿线或以外区域，包括宝山区（月浦镇、顾村镇、大场镇和宝山城市工业园区）、闵行区 [新虹街道、七宝镇、梅陇镇（南）和颛桥镇] 和浦东新区 [康桥镇、曹路镇和高东镇（东）] 的外围空间单元。一方面，这些空间单元拥有一定规模的产业用地和廉价住宅，能够满足外来低收入群体的就业和居住需求，因而成为外来低收入人口比重较高的区域；另一方面，上述单元一般尚未完成开发，公共绿地和其他公共设施建设相对滞后。以上两个方面原因共同导致此类空间单元的外来低收入群体人均公共绿地资源水平显著低于其他空间单元。

（2）外来低收入人口人均公共绿地资源水平的区位熵极高空间单元

区位熵极高的 13 个空间单元有 4 个在浦西、9 个在浦东（图 8-12）。此类空间单元大致可以分为两种类型：第一类与社会公平绩效分布中区位熵极高的空间单元相类似，主要为拥有一定的公共绿地资源水平，外来低收入人口密度较低，包括新兴产业园区、近年开发的居住社区、以大型公共设施为主的空间单元，如外高桥保税区、新江湾城街道、虹桥街道等；第二类为公共绿地资源水平较高、以白领就业岗位为主，或居住成本较高的空间单元，外来低收入人口比例明显较低，包括徐家汇街道、塘桥街道、洋泾街道、金杨新村街道等。

图 8-11　外来低收入人口人均公共绿地资源水平的
区位熵极低空间单元分布

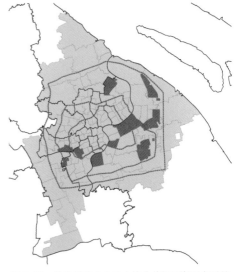

图 8-12　外来低收入人口人均公共绿地资源水平的
区位熵极高空间单元分布

第四部分

本部分对于上海中心城区公共医疗设施分布与全体常住人口分布和重点需求群体分布之间空间匹配的社会公平和正义绩效进行评价和分析，上海中心城区的空间范畴与其他部分的研究工作保持一致。

本研究涉及两类数据来源。其一，公共医疗设施仅指综合医院，包含一级医院（即社区卫生服务中心）、二级医院和三级医院。原上海市卫生和计划生育委员会官方网站对于上海市医疗设施数据进行定期更新，本研究采用 2014 年公布的社区卫生服务中心、二级公共医疗机构、三级公共医疗机构目录，该目录包含各个医疗机构的单位名称和地址信息。以此为基础，综合参考 Google Earth2013 年卫星地图、行政区划图及腾讯地图街景等资料，可以获得 2014 年上海市中心城区各级公共医疗机构的分布数据。其二，与其他部分的研究工作相同，全体常住人口和重点需求群体的分布数据来自 2010 年第六次全国人口普查的上海市数据，以街道 / 镇为空间单元。需要再次说明的是，基于相关数据的可获得性，本研究分别采用 2014 年公共医疗机构数据和 2010 年人口普查数据。

4

上海中心城区公共
医疗设施分布的社
会绩效评价和分析

第9章

公共医疗设施服务水平的空间分布格局

9.1　公共医疗设施服务水平的计算方法

近年来，伴随着收入水平提升，城市居民更为关注生活质量和健康服务，医疗卫生消费快速增长。上海市医疗机构诊疗总人次呈现逐年上升的态势，从 2000 年的 8866 万人次增长至 2014 年的 25834 万人次，其增长幅度远超上海市常住人口规模的增长幅度。

我国的公共综合医院作为不同层次医疗服务的提供者，包含一级医院（社区卫生服务中心）、二级医院和三级医院，各级医院的服务功能并不相同，服务水平不可叠加分析。根据原上海市卫生和计划生育委员会官方网站公布的数据，本研究范围内共计 152 个社区卫生服务中心、58 个二级医院和 40 个三级医院。各级医疗设施的空间分布上呈现浦西多和浦东少、核心多和外围少的基本格局。

本研究采用地理信息系统中的缓冲区分析，测度各级医院的服务半径。由于我国医疗设施配置没有明确的服务半径规定，本研究试图基于常住人口密度等间接依据，测算各级医疗设施的服务半径。原卫生部发布的《医疗机构设置规划指导原则（2009 版）》（征求意见稿）对于一级医院（社区卫生服务中心）、二级医院、三级医院的服务人口做出了相应规定（表 9–1）。在此基础上，本研究确定社区卫生服务中心、二级医院、三级医院的服务人口规模分别为 10 万人、50 万人和 100 万人。

已知研究范围内常住人口密度为 1.26 万人 / 平方公里，并以 500 米为单位，可以求得社区卫生服务中心、二级医院、三级医院的服务半径取值分别为 1500 米、3500 米和 5000 米（表 9–2）。

《医疗机构设置规划指导原则（2009 版）》中服务人口规模的要求　　　表 9–1

各级医疗机构	服务人口规模（人）
社区卫生服务中心	10 万以下
二级医院	数 10 万
三级医院	100 万以上

上海市各级医疗设施的服务人口规模和服务半径取值　　表 9-2

各级医疗设施	服务人口规模（万人）	服务半径取值（米）
社区卫生服务中心	10	1500
二级医院	50	3500
三级医院	100	5000

采用一个空间单元内各级医疗设施的有效服务面积之和与该空间单元面积的比值作为该空间单元的医疗设施服务水平的定量指标（公式 9-1）。

$$LD_j = M_j / A_j \qquad （公式 9-1）$$

式中：LD_j 为 j 空间单元中医疗设施服务水平；M_j 为 j 空间单元中医疗设施的有效服务面积之和，即医疗设施的资源总量；A_j 为 j 空间单元面积。

还需要指出，各级医疗设施的有效服务面积计算应当遵循如下规则（图 9-1）：其一，如果一处医疗设施位于某个空间单元范围以外，但该医疗设施的有效服务范围位于空间单元以内部分应计入该空间单元的医疗设施有效服务面积；其二，如果相同层级的两个医疗设施的有效服务范围部分重叠，则重叠部分应当重复计入医疗设施有效服务面积。

9.2　社区卫生服务中心服务水平的空间分布格局

社区卫生服务中心的服务半径为 1500 米，合计有效服务范围面积为 611.30 平方公里，覆盖研究范围的 55.49%（图 9-2）。有效服务范围的覆盖率从核心到外围

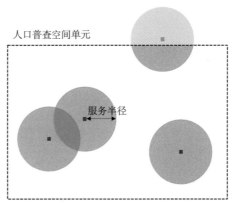

图 9-1　一个空间单元中医疗设施的有效服务面积计算规则图示

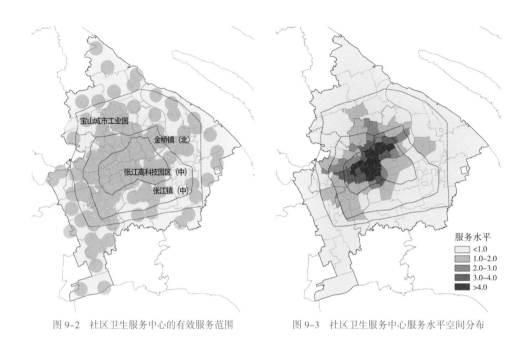

图 9-2　社区卫生服务中心的有效服务范围　　　　图 9-3　社区卫生服务中心服务水平空间分布

　　呈现逐渐降低的态势，中环外地域的社区卫生服务中心有效服务范围覆盖率明显降低，张江镇（中）、张江高科技园区（中）、金桥镇（北）、宝山城市工业园 4 个空间单元处于社区卫生服务中心的服务盲区。

　　如图 9-3 所示，社区卫生服务中心的服务水平可以分为 5 档，包括服务水平极高的 19 个空间单元、服务水平较高的 14 个空间单元、服务水平中等的 15 个空间单元、服务水平较低的 36 个空间单元和服务水平极低的 51 空间单元，需要特别关注服务水平极高和极低的异常单元。社区卫生服务中心的服务水平极高（大于 4.0）的 19 个空间单元均分布在浦西内环内区域，形成空间分布上的高度聚集（表 9-3）。在社区卫生服务中心的服务水平极低（小于 1.0）的 51 个空间单元中，1 个分布在内环内，12 个分布在内环至中环区域，18 个分布在中环至外环区域，20 个分布在外环线外，呈现外围多于核心的分布特征（表 9-4）。

社区卫生服务中心的服务水平极高的空间单元分布　　　　　表 9-3

	内环内	内中环	中外环	外环外	合计
浦西地区	19	0	0	0	19
浦东地区	0	0	0	0	0
合计	19	0	0	0	19

社区卫生服务中心的服务水平极低的空间单元分布　　　　　　表 9-4

	内环内	内中环	中外环	外环外	合计
浦西地区	0	4	8	16	28
浦东地区	1	8	10	4	23
合计	1	12	18	20	51

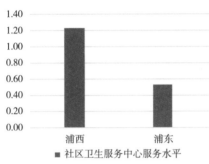

图 9-4a　社区卫生服务中心的服务水平的地域维度差异

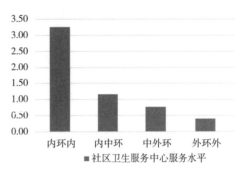

图 9-4b　社区卫生服务中心的服务水平的圈层维度差异

统计检验表明，社区卫生服务中心的服务水平分布在地域维度和圈层维度存在显著差异（图 9-4）。在地域维度，浦西和浦东地区的服务水平分别为 1.23 和 0.53，浦西显著高于浦东；在圈层维度，核心圈层的服务水平显著高于外围圈层，内环内、内中环、中外环、外环外的服务水平依次递减，分别为 3.25、1.16、0.77、0.41。

9.3　二级医院服务水平的空间分布格局

二级医院的服务半径为 3500 米，合计有效服务范围面积为 595.85 平方公里，覆盖研究范围的 54.09%（图 9-5）。有效服务范围的覆盖率从核心到外围呈现逐渐降低的态势，浦东内环外和浦西外环外区域的空间单元服务覆盖率较低。其中，东明路街道、康桥镇、张江镇（中）、张江高科技园区（西、中、东）、张江镇（南）、唐镇、金桥镇（北）、曹路镇、高东镇（东）、外高桥保税区、高东镇（西）、江川路街道等 14 个空间单元处于二级医院的服务盲区。

统计检验表明，二级医院服务水平分布存在地域维度和圈层维度的显著差异（图 9-6）。在地域维度，浦西和浦东地区的服务水平分别为 2.83 和 0.74，浦西地

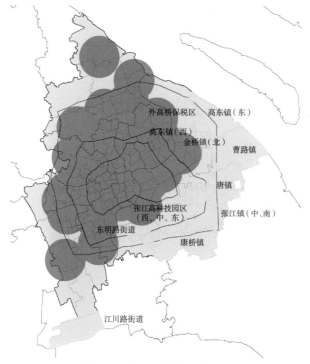

图 9-5   二级医院的有效服务范围

区的服务水平显著高于浦东地;在圈层维度,内环内的服务水平显著高于其他圈层,内环内、内中环、中外环和外环外的服务水平呈现依次递减趋势,分别为9.08、2.85、1.37、0.30。

如图 9-7 所示,二级医院的服务水平可以分为 5 档,包括服务水平极高的 22 个空间单元、服务水平较高的 20 个空间单元、服务水平中等的 17 个空间单元、服务水平较低的 42 个空间单元和服务水平极低的 34 空间单元,需要特别关注服务

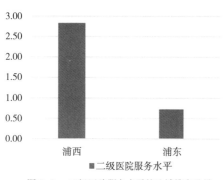

图 9-6a   二级医院服务水平的地域维度差异

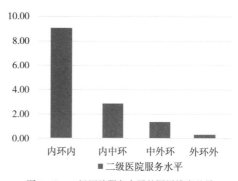

图 9-6b   二级医院服务水平的圈层维度差异

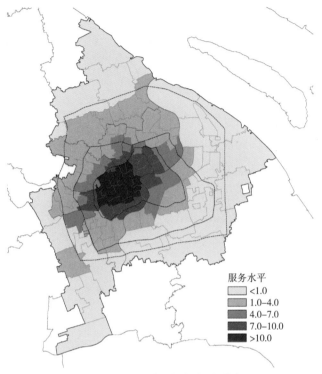

图 9-7　二级医院服务水平空间分布

水平极高和极低的异常单元。如表 9-5 所示，二级医院服务水平极高（大于 10.0）的 22 个空间单元均分布在浦西内环内地区，形成空间分布上的高度聚集；如表 9-6 所示，在二级医院服务水平极低（小于 1.0）的 34 个空间单元中，6 个分布在内中环，12 个分布在中外环，16 个分布在外环外，呈现外围多于核心的分布特征。

二级医院服务水平极高的空间单元分布　　表 9-5

	内环内	内中环	中外环	外环外	合计
浦西地区	22	0	0	0	22
浦东地区	0	0	0	0	0
合计	22	0	0	0	22

二级医院服务水平极低的空间单元分布　　表 9-6

	内环内	内中环	中外环	外环外	合计
浦西地区	0	0	1	12	13
浦东地区	0	6	11	4	21
合计	0	6	12	16	34

9.4　三级医院服务水平的空间分布格局

三级医院的服务半径为 5000 米，合计有效服务范围面积为 803.74 平方公里，覆盖研究范围的 72.96%（图 9-8）。有效服务范围的覆盖率从核心到外围呈现逐渐降低的态势，浦东内环外和浦西外环外区域的空间单元服务覆盖率较低。其中，金桥镇（北）和新虹街道两个空间单元处于三级医院的服务盲区。

统计检验表明，三级医院服务水平分布在地域维度和圈层维度都存在显著差异（图 9-9）。在地域维度，

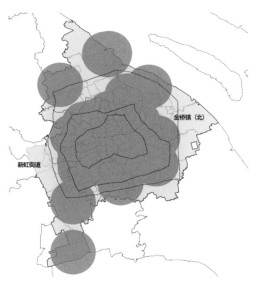

图 9-8　三级医院的有效服务范围

浦西和浦东地区的服务水平分别为 3.31 和 1.70，浦西地区显著高于浦东；在圈层维度，内环内的服务水平显著高于其他圈层，内环内、内中环、中外环和外环外的服务水平是逐级递减的，依次为 11.26、4.38、1.45、0.67。

如图 9-10 所示，各个空间单元的三级医院服务水平可以分为 5 档，包括服务水平极高的 18 个空间单元、服务水平较高的 17 个空间单元、服务水平中等的 19 个空间单元、服务水平较低的 35 个空间单元和服务水平极低的 46 个空间单元，需要特别关注服务水平极高和极低的异常空间单元。如表 9-7 所示，三级医院服务

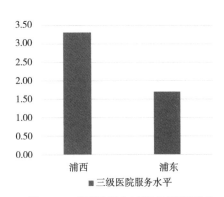

图 9-9a　三级医院服务水平的地域维度差异

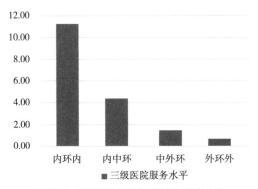

图 9-9b　三级医院服务水平的圈层维度差异

水平极高（大于 14.0）的 18 个空间单元均分布在浦西内环内区域，形成空间分布上的高度聚集；如表 9-8 所示，在三级医院服务水平极低（小于 2.0）的 46 个空间单元中，6 个分布在内环至中环区域，23 个分布在中环至外环区域，17 个分布在外环线外，呈现外围多于核心的分布特征。

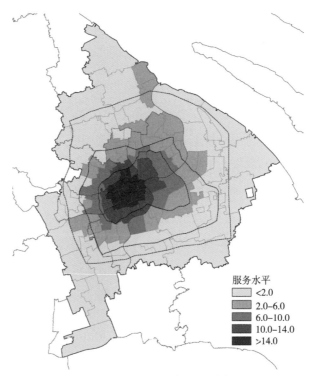

服务水平
< 2.0
2.0–6.0
6.0–10.0
10.0–14.0
> 14.0

图 9-10　三级医院服务水平空间分布

三级医院服务水平极高的空间单元分布　　　　　　　　表 9-7

	内线内	内中环	中外环	外环外	合计
浦西地区	18	0	0	0	18
浦东地区	0	0	0	0	0
合计	18	0	0	0	18

三级医院服务水平极低的空间单元分布　　　　　　　　表 9-8

	内环内	内中环	中外环	外环外	合计
浦西地区	0	2	12	13	27
浦东地区	0	4	11	4	19
合计	0	6	23	17	46

第 10 章

公共医疗设施分布的社会公平绩效评价和分析

10.1 社区卫生服务中心分布的社会公平绩效评价和分析

10.1.1 社区卫生服务中心分布的社会公平绩效的总体水平

统计分析表明，常住人口密度分布和社区卫生服务中心服务水平分布呈现较高程度的正相关关系，Pearson 相关性 0.726，在 0.01 水平上显著。这表明，常住人口密度较高的空间单元拥有较高的社区卫生服务中心服务水平。如图 10-1 所示，依然存在少数空间单元偏离线性分布的总体趋势，可以分为两种类型：一种是常住人口密度较高而社区卫生服务水平较低的空间单元，例如甘泉路街道、宜川路街道、彭浦新村街道、虹梅路街道等，此类空间单元中人均社区卫生服务资源水平显著低于研究范围的平均水平；第二种是常住人口密度较低而社区卫生服务水平较高的空间单元，例如南京东路街道、淮海中路街道、外滩街道、石门二路街道等，此类空间单元中人均社区卫生服务资源水平显著高于研究范围的平均水平。

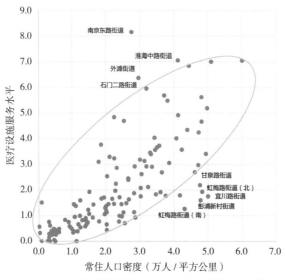

图 10-1 各个空间单元的常住人口密度和社区卫生服务水平散点图

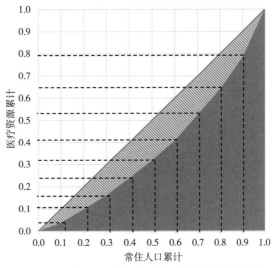

图 10-2　测度社区卫生服务中心分布公平性的洛伦兹曲线

　　基于洛伦兹曲线（图 10-2、表 10-1），社区卫生服务资源在上海中心城区常住人口之间分配存在一定差异。在人均享有社区卫生服务资源较少的常住人口中，10% 的常住人口仅享有 4% 的社区卫生服务资源，20% 的常住人口仅享有 10% 的社区卫生服务资源，30% 的常住人口仅享有 16% 的社区卫生服务资源；在人均享有社区卫生服务资源较多的常住人口中，10% 的常住人口享有 22% 的社区卫生服务

等比例常住人口享有社区卫生服务设施水平的累计比重　　　　　表 10-1

常住人口累计比重（%）	医疗设施资源累计比重（%）
0	0
10	4
20	10
30	16
40	24
50	32
60	41
70	52
80	64
90	78
100	100

资源，20% 的常住人口享有 36% 的社区卫生服务资源，30% 的常住人口享有 48%
的社区卫生服务资源。

作为洛伦兹曲线的计算公式，基尼系数的数学含义是图 10-2 中斜线填充部分
占右下三角形面积的比例，2010 年上海市中心城区社区卫生服务资源分布的基尼
系数为 0.258。如果参照联合国关于收入分配公平性的衡量标准，上海市中心城区
社区卫生服务资源在常住人口中分配处于比较平均状态。当然，医疗服务资源分配
和收入分配不能进行简单类比，需要在大量的实证调查基础上，才能提炼医疗卫生
资源分配公平性的基尼系数衡量标准，但基尼系数为同一城市的历时性比较和不同
城市的共时性比较提供了研究基础。

10.1.2   社区卫生服务中心分布的社会公平绩效的空间格局

基尼系数和洛伦兹曲线考察了社区卫生服务中心分布的社会公平绩效的总体水
平，在此基础上，可以采用各个空间单元的人均享有社区卫生服务水平及其区位熵，
分析社会公平绩效的空间分布格局。

统计检验表明，社区卫生服务中心的人均服务水平分布在地域维度和圈层维度
都存在显著差异（图 10-3）。在地域维度，浦西地区和浦东地区的社区卫生服务中
心人均服务水平分别为 79.20 和 65.17，浦西地区高于浦东；在圈层维度，内环内
的社区卫生服务中心人均服务水平显著高于其他三个圈层，内环内、内中环、中外
环和外环外依次为 112.95、63.41、64.76、64.08。根据人口普查数据，2000—2010
年期间上海市呈现明显的郊区化趋势，内环内的许多空间单元中常住人口显著减少，

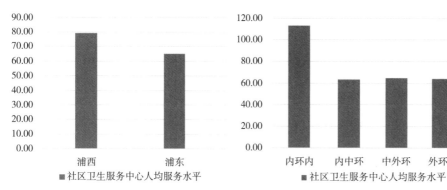

图 10-3a   社区卫生服务中心人均服务水平的地域维   10-3b   社区卫生服务中心人均服务水平的圈层维度差异
度差异

而内环内历来就是各类公共服务设施集聚的核心地区，由此更为加剧了内环内的人均社区卫生服务中心服务水平显著高于其他圈层。

基于统计学原理，可以将各个空间单元的区位熵分为五档（表10-2、图10-4），包括区位熵极高、较高、中等、较低和极低的空间单元。其中，区位熵最高和最低的10%空间单元是需要重点考察的异常空间单元。在区位熵极低的空间单元，社区卫生服务中心的人均服务资源小于研究范围平均水平的一半；在区位熵极高的空间单元，社区卫生服务中心的人均服务资源大于研究范围平均水平的2倍。

各个空间单元的人均社区卫生服务水平的区位熵分档　　表10-2

区位熵分档	单元数量（个）	所占比例（%）	区位熵值
极低	14	10.0	< 0.442
较低	36	26.7	0.442—0.830
中等	36	26.7	0.830—1.200
较高	36	26.7	1.200—2.250
极高	13	10.0	> 2.250

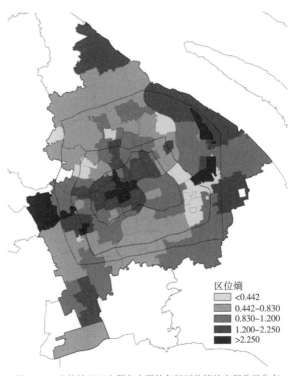

图 10-4　人均社区卫生服务水平的各级区位熵的空间单元分布

10.1.3　社区卫生服务中心分布的异常空间单元解析

（1）社区卫生服务中心服务水平区位熵极高的空间单元

如表 10-3 所示，在区位熵极高的 13 个空间单元，共同特点是社区卫生服务中心的服务水平高于常住人口密度。8 个空间单元的常住人口密度中等或较高，但社区卫生服务中心的服务水平更高；5 个空间单元的常住人口密度极低，而社区卫生服务中心的服务水平较低或中等。

区位熵极高空间单元的常住人口密度和社区卫生服务中心的服务水平　　表 10-3

序号	空间单元名称	区位熵	常住人口密度		社区卫生服务中心的服务水平	
			万人 / 平方公里	分级	地均有效服务面积	分级
1	外高桥保税区	50.21	0.02	极低	0.56	较低
2	漕河泾新兴技术开发区	22.43	0.09	极低	1.51	中等
3	金桥出口加工区	13.40	0.03	极低	0.32	极低
4	南京东路街道	3.89	2.77	较高	8.14	极高
5	程家桥街道	3.20	0.31	极低	0.75	较低
6	外滩街道	2.83	2.97	较高	6.36	极高
7	南京西路街道	2.83	2.25	中等	4.83	极高
8	静安寺街道	2.67	1.86	中等	3.76	较高
9	石门二路街道	2.45	3.21	较高	5.94	极高
10	瑞金二路街道	2.43	2.54	中等	4.68	较高
11	新虹街道	2.37	0.34	极低	0.61	较低
12	天目西路街道	2.29	1.79	中等	3.09	较高
13	淮海中路街道	2.26	4.12	较高	7.04	极高

基于地理区位和主导功能，区位熵极高的 13 个空间单元大致可以分为三种类型（表 10-4、图 10-5）。第一类是公共服务设施（包括医疗资源）聚集的城市中心地区，包括淮海中路街道、静安寺街道、外滩街道、瑞金二路街道、南京东路街道、南京西路街道、石门二路街道 7 个空间单元。一方面是公共服务设施聚集的历史积淀，另一方面是城市更新造成常住人口大量减少，共同导致了社区卫生服务中心服务水平的区位熵极高。第二类是对外交通门户或大型公共设施所在地区，常住人口相对稀少，导致社区卫生服务中心的人均服务水平极高，包括三个空间单元，天目

西路街道是上海火车站所在地，新虹街道是虹桥综合交通枢纽所在地，程家桥街道是上海动物园、西郊宾馆、虹桥机场的所在地。第三类是 1990 年代建设的大型产业园区，包括金桥出口加工区、漕河泾新兴技术开发区、外高桥保税区三个空间单元，常住人口稀少，导致社区卫生服务中心的人均服务水平极高。

社区卫生服务中心服务水平区位熵极高的空间单元分类　　　　　表 10-4

序号	空间单元名称	地理区位	主要功能	地域类型
1	南京东路街道	核心	综合服务	公共服务设施聚集的城市中心地区
2	淮海中路街道	核心	综合服务	
3	外滩街道	核心	综合服务	
4	南京西路街道	核心	综合服务	
5	静安寺街道	核心	综合服务	
6	石门二路街道	核心	综合服务	
7	瑞金二路街道	核心	综合服务	
8	新虹街道	外围	对外交通门户	对外交通门户或大型公共设施所在地区
9	天目西路街道	核心	对外交通门户	
10	程家桥街道	外围	外交通门户、大型公共设施	
11	外高桥保税区	外围	产业园区	常住人口稀少的大型产业园区
12	漕河泾新兴技术开发区	中部	产业园区	
13	金桥出口加工区	外围	产业园区	

（2）社区卫生服务中心服务水平区位熵极低的空间单元

如表 10-5 所示，在区位熵极低的 13 个空间单元，共同特点是社区卫生服务中心的服务水平低于常住人口密度，但原因不尽相同，可以分为两类。第一类 7 个空间单元的社区卫生服务中心的服务水平极低，其中 4 个空间单元是社区卫生服务中心的服务盲区，虽然常住人口密度较低或极低，但社区卫生服务中心的服务水平更低。另一类空间单元的社区卫生服务中心的服务水平较低或中等，但常住人口密度中等、较高或极高，常住人口密度高于社区卫生服务中心的服务水平，也导致了社区卫生服务中心服务水平的区位熵极低。

基于地理区位和主导功能，区位熵极低的 14 个空间单元大致可以分为 5 种类型（表 10-6、图 10-6）。第一类是高开发强度的居住社区，包括彭浦新村街道、虹梅路街道（南）、长征镇（北）、金杨新村街道 4 个空间单元；第二类是配套设施

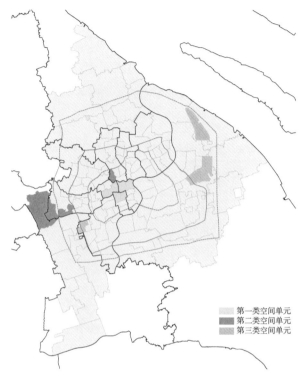

图 10-5 社区卫生服务中心服务水平区位熵极高的各类空间单元分布

第一类空间单元
第二类空间单元
第三类空间单元

区位熵极低空间单元的常住人口密度和社区卫生服务中心的服务水平   表 10-5

序号	空间单元名称	区位熵	常住人口密度		社区卫生服务中心的服务水平	
			万人 / 平方公里	分级	地均有效服务面积	分级
1	张江镇（中）	0	0.50	较低	0	极低
2	张江高科技园区（中）	0	1.13	较低	0	极低
3	金桥镇（北）	0	0.30	极低	0	极低
4	宝山城市工业园区	0	0.34	极低	0	极低
5	张江镇（北）	0.05	0.28	极低	0.01	极低
6	张江高科技园区（西）	0.10	0.09	极低	0.01	极低
7	金桥镇（南）	0.13	0.47	较低	0.05	极低
8	长征镇（北）	0.28	2.03	中等	0.44	较低
9	金杨新村街道	0.36	2.57	中等	0.70	较低
10	虹梅路街道（南）	0.39	4.31	较高	1.26	中等
11	真如镇	0.42	2.88	较高	0.92	较低
12	梅陇镇（北）	0.42	2.39	中等	0.77	较低
13	殷行街道	0.43	2.03	中等	0.65	较低
14	彭浦新村街道	0.44	4.78	极高	1.60	中等

社区卫生服务中心服务水平区位熵极低的空间单元分类　　　　表 10-6

序号	空间单元名称	地理区位	主要功能	地域类型
1	彭浦新村街道	中部	居住	高开发强度的居住社区
2	长征镇（北）	中部	居住	
3	金杨新村街道	中部	居住	
4	虹梅路街道（南）	中部	居住	
5	金桥镇（北）	外围	公共服务	配套设施极度缺乏的外围或小型空间单元
6	张江镇（中）	中部	居住	
7	宝山城市工业园区	外围	产业	
8	张江高科技园区（中）	中部	居住、教育	配套设施不足的大型产业园区
9	张江高科技园区（西）	中部	产业	
10	真如镇	中部	居住、产业	居住和产业并存，但配套设施不足地区
11	梅陇镇（北）	外围	居住、产业	
12	殷行街道	外围	居住、产业	
13	张江镇（北）	中部	公共服务（城乡结合部位）	近年建设、配套设施落后的原城乡结合地区
14	金桥镇（南）	中部	居住、产业	

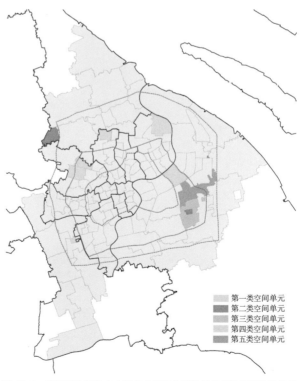

图 10-6　社区卫生服务中心服务水平区位熵极低的各类空间单元分布

极度缺乏的外围或小型空间单元，包括金桥镇（北）、张江镇（中）、宝山城市工业园区3个空间单元，都是社区卫生服务中心的服务盲区；第三类是配套设施不足的大型产业园区，包括张江高科技园区（西）、张江高科技园区（中）2个空间单元；第四类是居住和产业并存，但配套设施不足地区，包括梅陇镇（北）、真如镇、殷行街道3个空间单元；第五类是近年建设、配套设施落后的原城乡结合地区，包括金桥镇（南）、张江镇（北）2个空间单元。

10.2　二级医院分布的社会公平绩效评价和分析

10.2.1　二级医院分布的社会公平绩效的总体水平

统计分析表明，常住人口密度分布和二级医院服务水平分布呈现较高程度的正相关关系，Pearson相关性0.623，在0.01水平上显著。这表明，常住人口密度较高的空间单元拥有较高的二级医院服务水平。如图10-7所示，依然存在少数空间单元偏离线性分布的总体趋势，可以分为两种类型：一种是常住人口密度较高而二级医院服务

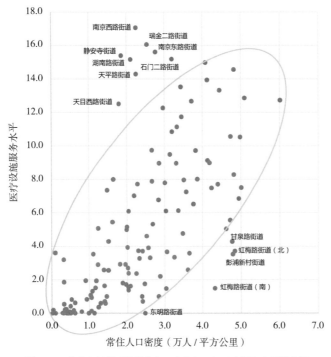

图10-7　各个空间单元的常住人口密度和二级医院服务水平散点图

水平较低的空间单元，例如甘泉路街道、彭浦新村街道、虹梅路街道（北）、虹梅路街道（南）、东明路街道等，此类空间单元中二级医院的人均服务水平显著低于研究范围的平均水平；第二种是常住人口密度较低而二级医院服务水平较高的空间单元，例如南京西路街道、瑞金二路街道、静安寺街道、石门二路街道、天平路街道、天目西路街道等，此类空间单元中二级医院的人均服务水平显著高于研究范围的平均水平。

基于洛伦兹曲线（图 10-8、表 10-7），二级医院服务资源在上海中心城区常住人口之间分配依旧存在一定差异。在人均享有二级医院服务资源较少的常住人口中，10% 的常住人口仅享有 0.1% 的二级医院服务资源，20% 的常住人口仅享有 2% 的二级医院服务资源，30% 的常住人口仅享有 6% 的二级医院服务资源；在人均享有二级医院服务资源较多的常住人口中，10% 的常住人口享有 29% 的二级医院服务资源，20% 的常住人口享有 48% 的二级医院服务资源，30% 的常住人口享有 61% 的二级医院服务资源。

根据公式，2010 年上海中心城区二级医院资源分布的基尼系数为 0.448。如果参照联合国关于收入分配公平性的衡量标准，二级医院服务资源在常住人口中分配处于差距较大状态。

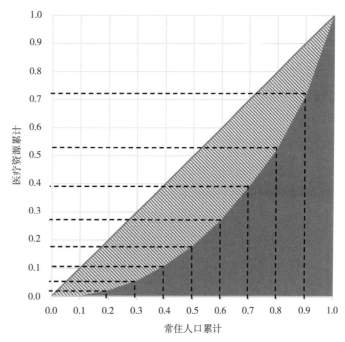

图 10-8　测度二级医院分布公平性的洛伦兹曲线

等比例常住人口享有二级医院服务设施水平的累计比重　　　　表 10-7

常住人口累计（%）	医疗设施资源累计（%）
0	0
10	0.1
20	2
30	6
40	11
50	18
60	27
70	39
80	52
90	71
100	100

10.2.2　二级医院分布的社会公平绩效的空间格局

　　基尼系数和洛伦兹曲线考察了二级医院分布的社会公平绩效的总体水平，在此基础上，可以采用各个空间单元的人均享有二级医院服务水平及其区位熵，分析社会公平绩效的空间分布格局。

　　统计检验表明，二级医院的人均服务水平分布在地域维度和圈层维度都存在显著差异（图 10-9）。在地域维度，浦西地区和浦东地区的二级医院人均服务水平分别为 182.47 和 89.29，浦西地区显著高于浦东地区；在圈层维度，内环内、内中环、中外环、外环外的二级医院人均服务水平依次递减，并且内环内的二级医院人均服务水平显著高于其他三个圈层，内环内、内中环、中外环、外环外依次为 315.62、155.49、115.32、46.18。

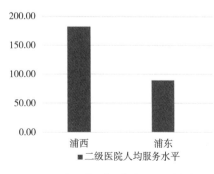

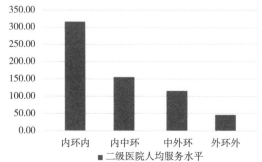

图 10-9a　二级医院人均服务水平的地域维度差异　　　　10-9b　二级医院人均服务水平的圈层维度差异

　　基于统计学原理,可以将各个空间单元的区位熵分为五档(表10-8、图10-10),包括区位熵极高、较高、中等、较低和极低的空间单元。其中,区位熵最高和最低的10%空间单元是需要重点考察的异常空间单元。在区位熵极低的空间单元,区位熵小于0.020,表明其二级医院的人均服务水平近乎为零;在区位熵极高的空间单元,二级医院人均服务水平是研究范围平均水平的近3倍。

各个空间单元的人均二级医院服务水平的区位熵分档　　表10-8

区位熵分档	单元数量(个)	所占比例(%)	区位熵值
极低	14	10	< 0.020
较低	36	26.7	0.020—0.660
中等	36	26.7	0.660—1.328
较高	36	26.7	1.328—2.950
极高	13	10	> 2.950

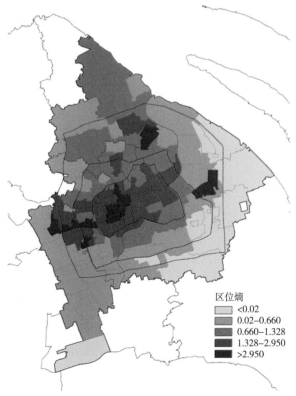

区位熵
<0.02
0.02-0.660
0.660-1.328
1.328-2.950
>2.950

图10-10　二级医院人均服务水平的各级区位熵的空间单元分布

10.2.3　二级医院分布的异常空间单元解析

（1）二级医院服务水平区位熵极高的空间单元

如表 10-9 所示，在区位熵极高的 13 个空间单元，共同特点是二级医院服务水平高于常住人口密度。8 个空间单元的常住人口密度中等或较高，但二级医院服务水平更高；5 个空间单元的常住人口密度极低或较低，而二级医院服务水平较低、中等或较高。

区位熵极高的空间单元中常住人口密度和二级医院服务水平　　　　　表 10-9

序号	空间单元名称	区位熵	常住人口密度		二级医院服务水平	
			万人/平方公里	分级	地均有效服务面积	分级
1	漕河泾新兴技术开发区	25.44	0.09	极低	3.59	中等
2	程家桥街道	6.46	0.31	极低	3.19	中等
3	静安寺街道	5.20	1.86	中等	15.38	极高
4	南京西路街道	4.76	2.25	中等	17.06	极高
5	湖南路街道	4.51	2.11	中等	15.15	极高
6	天目西路街道	4.39	1.79	中等	12.50	较高
7	天平路街道	3.98	2.25	中等	14.28	极高
8	瑞金二路街道	3.96	2.54	中等	16.05	极高
9	金桥出口加工区	3.75	0.03	极低	0.19	较低
10	新江湾城街道	3.74	0.31	极低	1.85	较低
11	南京东路街道	3.54	2.77	较高	15.60	极高
12	虹桥街道	3.14	1.47	较低	7.34	较高
13	石门二路街道	2.97	3.21	较高	15.18	极高

基于地理区位和主导功能，区位熵极高的 13 个空间单元大致可以分为 5 种类型（表 10-10、图 10-11）。第一类的新江湾城街道是人口尚未完全迁入的新建居住区；第二类的虹桥街道是商务中心地区，由于常住人口密度较低导致人均医疗资源水平极高；第三类是常住人口稀少的大型产业园区，包括金桥出口加工区和漕河泾新兴技术开发区，尽管二级医院资源水平较低或中等，但常住人口密度极低，导致该类空间单元的区位熵极高；第四类是医疗设施资源聚集

二级医院人均服务水平区位熵极高的空间单元分类　　　　表 10-10

序号	空间单元名称	地理区位	主要功能	地域类型
1	新江湾城街道	外围	居住	人口尚未完全迁入的新建居住区
2	虹桥街道	中部	商务	商务中心地区
3	漕河泾新兴技术开发区	中部	产业	常住人口稀少的大型产业园区
4	金桥出口加工区	外围	产业	
5	石门二路街道	核心	综合服务	医疗设施资源聚集的城市中心地域
6	静安寺街道	核心	综合服务	
7	南京西路街道	核心	综合服务	
8	湖南路街道	核心	综合服务	
9	天平路街道	核心	综合服务	
10	瑞金二路街道	核心	综合服务	
11	南京东路街道	核心	综合服务	
12	天目西路街道	核心	公共服务、对外交通门户	对外交通门户或大型公共设施所在地域
13	程家桥街道	外围	公共服务、对外交通门户	

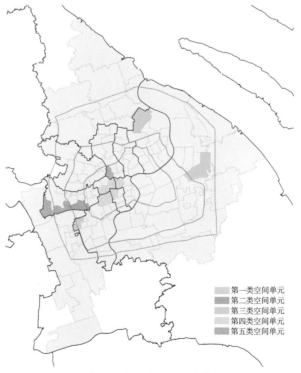

图 10-11　二级医院人均服务水平区位熵极高的各类空间单元分布

区位熵极低的空间单元中常住人口密度和二级医院服务水平　　　表 10-11

序号	空间单元名称	区位熵	常住人口密度		二级医院服务水平	
			万人/平方公里	分级	地均有效服务面积	分级
1	张江镇（中）	0	0.50	较低	0	极低
2	张江高科技园区（中）	0	1.13	较低	0	极低
3	金桥镇（北）	0	0.30	极低	0	极低
4	张江高科技园区（西）	0	0.09	极低	0	极低
5	东明路街道	0	2.48	中等	0	极低
6	高东镇（西）	0	0.98	较低	0	极低
7	江川路街道	0	0.62	较低	0	极低
8	曹路镇	0	0.40	较低	0	极低
9	康桥镇	0	0.42	较低	0	极低
10	张江镇（南）	0	0.50	较低	0	极低
11	张江高科技园区（东）	0	0.40	极低	0	极低
12	高东镇（东）	0	0.38	极低	0	极低
13	唐镇	0	0.46	较低	0	极低
14	外高桥保税区	0	0.02	极低	0	极低

的城市中心地域，包括静安寺街道、天平路街道、瑞金二路街道、南京东路街道、南京西路街道、石门二路街道、湖南路街道等 7 个空间单元；第五类是对外交通门户或大型公共设施所在地域，包括天目西路街道和程家桥街道 2 个空间单元，前者是上海动物园、西郊宾馆、虹桥机场的所在地区，而后者是上海火车站所在地。

（2）二级医院人均服务水平区位熵极低的空间单元

如表 10-11 所示，在区位熵极低的 14 个空间单元，共同特点是这些空间单元位于二级医院的服务盲区，尽管各个空间单元的常住人口密度有所差异。

基于地理区位和主导功能，区位熵极低的 14 个空间单元大致可以分为 4 种类型（表 10-12、图 10-12）。第一类是高开发强度的居住社区；第二类是配套极度缺乏的外围或小型空间单元，通常是医疗设施的服务盲区；第三类是近年建设、配套设施落后的原城乡结合部位；第四类是配套设施不足的大型产业园区。

二级医院人均服务水平区位熵极低的空间单元分类　　　　表 10-12

序号	空间单元名称	地理区位	主要功能	地域类型
1	东明路街道	外围	居住	高开发强度的居住社区
2	金桥镇（北）	外围	公共服务	配套极度缺乏的外围或小型空间单元
3	张江镇（中）	中部	居住	
4	高东镇（西）	外围	公共服务	
5	江川路街道	外围	产业、居住	近年建设、配套设施落后的原城乡结合部位
6	曹路镇	外围	产业、居住（城乡结合部位）	
7	康桥镇	外围	产业、居住（城乡结合部位）	
8	张江镇（南）	外围	产业、居住（城乡结合部位）	
9	唐镇	外围	产业、居住（城乡结合部位）	
10	外高桥保税区	外围	产业	配套设施不足的大型产业园区
11	张江高科技园区（西）	中部	产业	
12	张江高科技园区（中）	中部	居住、教育	
13	张江高科技园区（东）	外围	产业	
14	高东镇（东）	外围	产业（城乡结合部位）	

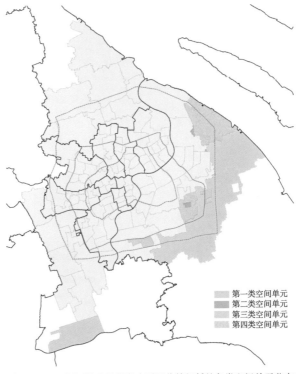

图 10-12　二级医院人均服务水平区位熵极低的各类空间单元分布

10.3　三级医院分布的社会公平绩效评价和分析

10.3.1　三级医院分布的社会公平绩效的总体水平

统计分析表明，常住人口密度分布和三级医院服务水平分布呈现较高程度的正相关关系，Pearson 相关性 0.621，在 0.01 水平上显著。这表明，常住人口密度较高的空间单元拥有较高的三级医院服务水平。如图 10-13 所示，依然存在少数空间单元偏离线性分布的总体趋势，可以分为两种类型：一种是常住人口密度较高而三级医院服务水平较低的空间单元，例如虹梅路街道（南）、虹梅路街道（北）、彭浦新村街道、张庙街道等，此类空间单元中三级医院的人均服务水平显著低于研究范围的平均水平；第二种是常住人口密度较低而三级医院服务水平较高的空间单元，例如江宁路街道、石门二路街道、南京东路街道、瑞金二路街道、南京西路街道、静安寺街道、天目西路街道等，此类空间单元中三级医院的人均服务水平显著高于研究范围的平均水平。

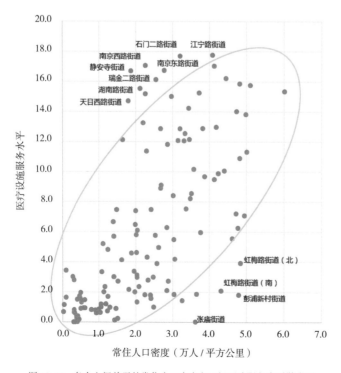

图 10-13　各个空间单元的常住人口密度和三级医院服务水平散点图

　　根据公式，2010年上海市中心城区三级医院服务资源分布的基尼系数为0.398。如果参照联合国关于收入分配公平性的衡量标准，三级医院服务资源在常住人口中分配处于相对合理状态。基于洛伦兹曲线（图10-14、表10-13），三级医院服务资源在上海中心城区常住人口之间分配存在一定差异。在人均享有三级医院服务资

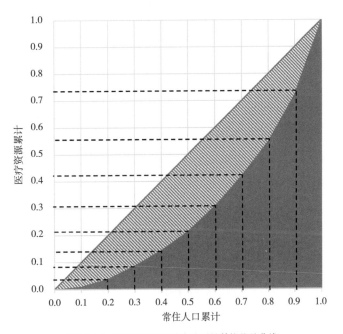

图 10-14　测度三级医院分布公平性的洛伦兹曲线

等比例常住人口享有三级医院服务设施水平的累计比重　　　　　表 10-13

常住人口累计（%）	医疗设施资源累计（%）
0	0
10	1
20	4
30	9
40	15
50	22
60	31
70	42
80	55
90	72
100	100

源较少的常住人口中，10% 的常住人口仅享有 1% 的服务资源，20% 的常住人口仅享有 4% 的服务资源，30% 的常住人口仅享有 9% 的服务资源；在人均享有三级医院服务资源较多的常住人口中，10% 的常住人口享有 28% 的服务资源，20% 的常住人口享有 45% 的服务资源，30% 的常住人口享有 58% 的服务资源。

10.3.2   三级医院分布的社会公平绩效的空间格局

基尼系数和洛伦兹曲线考察了三级医院分布的社会公平绩效的总体水平，在此基础上，可以采用各个空间单元的人均享有三级医院服务水平及其区位熵，分析社会公平绩效的空间分布格局。

统计检验表明，三级医院的人均服务水平分布在地域维度并不存在显著差异，但在圈层维度存在显著差异（图 10-15）。在地域维度，浦西地区和浦东地区的三级医院人均服务水平基本持平，分别为 213.93 和 209.60；在圈层维度，内环内、内中环、中外环、外环外的三级医院人均服务水平依次递减，分别为 391.29、238.35、122.10、103.94。

基于统计学原理，可以将各个空间单元的三级医院人均服务水平区位熵分为五档（表 10-14、图 10-16），包括区位熵极高、较高、中等、较低和极低的空间单元。其中，区位熵最高和最低的 10% 空间单元是需要重点考察的异常空间单元。在区位熵极低的空间单元，三级医院的人均服务资源仅为研究范围平均水平的近 30%；在区位熵极高的空间单元，三级医院的人均服务资源是研究范围平均水平的近 3 倍。

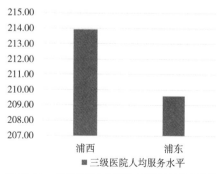

图 10-15a   三级医院人均服务水平的地域维度差异

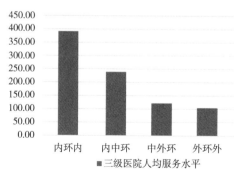

10-15b   三级医院人均服务水平的圈层维度差异

各个空间单元的三级医院人均服务水平的区位熵分档　　　表 10-14

区位熵分档	单元数量（个）	所占比例（%）	区位熵值
极低	14	10.0	< 0.29
较低	36	26.7	0.29—0.75
中等	36	26.7	0.75—1.44
较高	36	26.7	1.44—2.85
极高	13	10.0	> 2.85

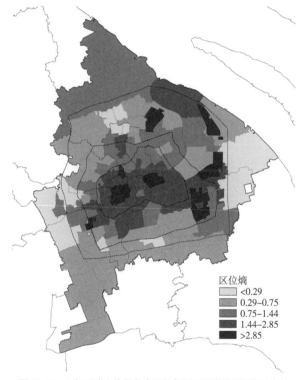

图 10-16　三级医院人均服务水平的各级区位熵的空间单元分布

10.3.3　三级医院分布的异常空间单元解析

（1）三级医院服务水平区位熵极高的空间单元

如表 10-15 所示，在区位熵极高的 13 个空间单元，共同特点是三级医院服务水平高于常住人口密度。内环线内 7 个空间单元的常住人口密度中等，但三级医院服务水平极高或较高；内环线外 6 个空间单元的常住人口密度极低，而三级医院服务水平多属中等或较低。

区位熵极高的空间单元中常住人口密度和三级医院服务水平　　　　表 10-15

序号	空间单元名称	区位熵	常住人口密度		三级医院服务水平	
			万人／平方公里	分级	地均有效服务面积	分级
1	外高桥保税区	21.44	0.02	极低	0.68	较低
2	漕河泾新兴技术开发区	18.10	0.09	极低	3.42	中等
3	金桥出口加工区	16.81	0.03	极低	1.14	较低
4	张江高科技园区（西）	8.51	0.09	极低	1.63	较低
5	张江镇（北）	5.13	0.28	极低	3.00	中等
6	静安寺街道	4.22	1.86	中等	16.69	极高
7	新江湾城街道	4.20	0.31	极低	2.78	中等
8	天目西路街道	3.86	1.79	中等	14.70	较高
9	南京西路街道	3.56	2.25	中等	17.05	极高
10	湖南路街道	3.46	2.11	中等	15.53	极高
11	陆家嘴街道	3.31	1.63	中等	12.12	较高
12	天平路街道	3.17	2.25	中等	15.17	较高
13	瑞金二路街道	2.98	2.54	中等	16.12	极高

基于地理区位和主导功能，区位熵极高的 13 个空间单元大致可以分为 5 种类型（表 10-16、图 10-17）。第一类是医疗设施资源聚集的城市中心地域，包括静安寺街道、天平路街道、瑞金二路街道、南京西路街道、湖南路街道等 5 个空间单元；第二类的陆家嘴街道是常住人口密度较低的商务中心地区；第三类的新江湾城街道是人口尚未完全迁入的新建居住社区；第四类是对外交通门户或大型服务设施所在地域，包括天目西路街道和张江镇（北）等 2 个空间单元，前者是上海火车站枢纽地区，后者是东郊宾馆和汤臣高尔夫球场所在地域；第五类是常住人口稀少的大型产业园区，包括张江高科技园区（西）、金桥出口加工区、漕河泾新兴技术开发区、外高桥保税区等 4 个空间单元。

（2）三级医院人均服务水平区位熵极低的空间单元

如表 10-17 所示，在区位熵极低的 14 个空间单元，共同特点是三级医院服务水平低于常住人口密度，但是原因不尽相同，可以分为两种类型。在第一类的 7 个空间单元，常住人口密度普遍较低，但三级医院服务水平极低，其中 2 个空间单元位于三级医院的服务盲区；在第二类的 7 个空间单元，常住人口密度为中等、较高

三级医院人均服务水平区位熵极高的空间单元分类　　　　表 10-16

序号	空间单元名称	地理区位	主要功能	地域类型
1	天平路街道	核心	综合服务	医疗设施资源聚集的城市中心地域
2	瑞金二路街道	核心	综合服务	
3	南京西路街道	核心	综合服务	
4	湖南路街道	核心	综合服务	
5	静安寺街道	核心	综合服务	
6	陆家嘴街道	核心	商务中心	常住人口密度较低的商务中心地区
7	新江湾城街道	外围	居住	人口尚未完全迁入的新建居住社区
8	天目西路街道	核心	对外交通门户	对外交通门户或大型服务设施所在地域
9	张江镇（北）	中部	大型服务设施	
10	外高桥保税区	外围	产业	常住人口稀少的大型产业园区
11	漕河泾新兴技术开发区	中部	产业	
12	金桥出口加工区	外围	产业	
13	张江高科技园区（西）	中部	产业	

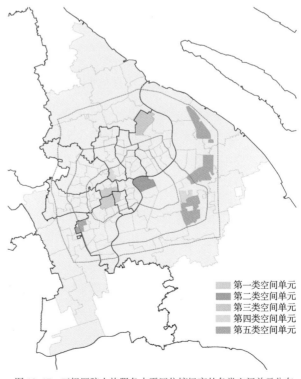

图 10-17　三级医院人均服务水平区位熵极高的各类空间单元分布

区位熵极低的空间单元中常住人口密度和三级医院服务水平　　　表 10-17

序号	空间单元名称	区位熵	常住人口密度		三级医院服务水平	
			万人 / 平方公里	分级	地均有效服务面积	分级
1	金桥镇（北）	0	0.30	极低	0	极低
2	新虹街道	0	0.34	极低	0	极低
3	张庙街道	0.002	3.62	较高	0.02	极低
4	曹路镇	0.025	0.40	较低	0.02	极低
5	七宝镇	0.044	1.42	较低	0.13	极低
6	庙行镇	0.074	1.50	较低	0.24	极低
7	彭浦新村街道	0.177	4.78	极高	1.80	较低
8	东明路街道	0.190	2.48	中等	1.00	较低
9	唐镇	0.191	0.46	较低	0.19	极低
10	北新泾街道	0.207	3.25	较高	1.43	较低
11	虹梅路街道（南）	0.227	4.31	较高	2.08	较低
12	临汾路街道	0.239	3.66	较高	1.86	较低
13	新泾镇	0.280	1.23	较低	0.73	较低
14	凌云路街道	0.285	3.03	较高	1.84	较低

或极高，而三级医院服务水平较低。

　　基于地理区位和主导功能，三级医院人均服务水平区位熵极低的 14 个空间单元大致可以分为 4 种类型（表 10-18、图 10-18）。第一类是高开发强度的居住社区，包括彭浦新村街道、东明路街道、虹梅路街道（南）、张庙街道、庙行镇、北新泾街道、临汾路街道、凌云路街道等 8 个空间单元；第二类是正在开发建设、配套设施尚未健全地区，包括新虹街道、七宝镇、新泾镇等 3 个空间单元；第三类是近年建设、配套设施落后的原城乡结合地区，包括曹路镇、唐镇 2 个空间单元；第四类的金桥镇（北）是位于医疗设施服务盲区的外围或小型空间单元。

三级医院人均服务水平区位熵极低的空间单元分类　　　表 10-18

序号	空间单元名称	地理区位	主要功能	地域类型
1	张庙街道	中部	居住	
2	凌云路街道	外围	居住、对外交通门户	高开发强度的居住社区
3	庙行镇	外围	居住	

续表

序号	空间单元名称	地理区位	主要功能	地域类型
4	彭浦新村街道	中部	居住	
5	东明路街道	外围	居住	
6	北新泾街道	外围	居住	
7	虹梅路街道（南）	中部	居住	
8	临汾路街道	中部	居住	
9	新泾镇	外围	产业、居住	正在开发建设、配套设施尚未健全地区
10	七宝镇	外围	产业、居住	
11	新虹街道	外围	公共服务、（交通）	
12	曹路镇	外围	产业、居住（城乡结合部位）	近年建设、配套设施落后的原城乡结合地区
13	唐镇	外围	产业、居住（城乡结合部位）	
14	金桥镇（北）	外围	公共服务	位于医疗设施服务盲区的外围或小型空间单元

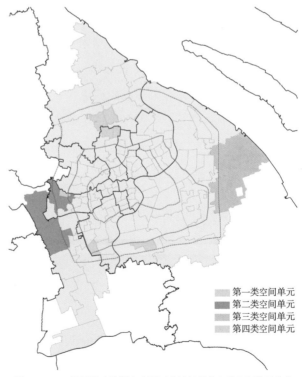

图 10-18　三级医院人均服务水平区位熵极低的各类空间单元分布

第 11 章

公共医疗设施分布的社会正义绩效评价和分析

11.1 公共医疗设施的重点需求群体

11.1.1 老龄人口作为重点需求群体

基于社会正义理念，各类社会群体对于医疗设施的需求程度存在差异，要求医疗设施资源应该向需求程度更高的社会群体倾斜，为其提供更多的医疗设施资源。基于本研究的目的，基于医疗设施使用的既有研究成果，相对于其他要素，年龄是医疗设施资源需求的最关键影响因素。由于年龄的增大，老龄人口的身体损耗更加严重，发病率更高、医疗设施需求更为迫切。陈明嘉等（2015）在对湖南省某三级甲等医院患者进行分析时发现，在三级医院的服务对象中，老年患者多于中年患者和青年患者，退休患者多于在职患者，住院患者中老年人占比 40% 以上。张芳（2008）对天津市某社区医院的使用情况进行案例统计，就医人群中 70.07% 是 60 岁以上老年患者，并且指出社区医疗作为老年慢性病治疗的主体，是综合医疗的必要补充。根据《2013 中国卫生统计年鉴》，基于分年龄段的慢性病患病率、分年龄段的住院率、分年龄段的居民两周患病率数据（图 11-1），医疗设施的使用频率与年龄存在相关性，老年人作为高发病率人群，是医疗设施使用人群的主要构成部分。可见，老龄人口是公共医疗设施的重点需求群体，老龄人口密度的空间分布格局可以参见第 8 章的详尽表述。

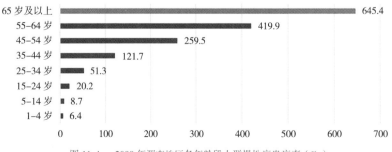

图 11-1a　2008 年调查地区各年龄段人群慢性病患病率（‰）

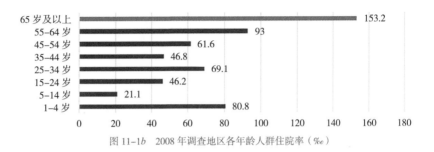

图 11-1b　2008 年调查地区各年龄人群住院率（‰）

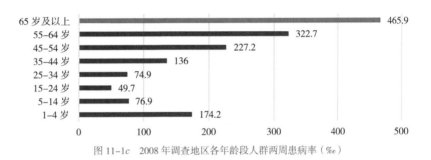

图 11-1c　2008 年调查地区各年龄段人群两周患病率（‰）

　　除了老龄人口，幼龄儿童、孕期妇女、残障人士等对医疗设施也有较高需求，限于篇幅，仅选取老龄人口作为医疗设施的重点需求群体。在联合国的相关标准中，一个国家或地区的 60 岁以上的人口占总人口比重达到 10% 或 65 岁以上人口占总人口比重达到 7%，则该地区进入老龄化社会。为此，将 60 岁及以上的常住人口定义为老龄人口，作为公共医疗设施的重点需求群体。

11.2　社区卫生服务中心分布的社会正义绩效评价和分析

11.2.1　社区卫生服务中心分布的社会正义绩效的总体水平

　　统计分析表明，老龄人口密度分布和社区卫生服务中心服务水平分布呈现较高程度的正相关关系，Pearson 相关性 0.724，在 0.01 水平上显著。这表明，老龄人口密度较高的空间单元拥有较高的社区卫生服务水平。如图 11-2 所示，依然存在少数空间单元偏离线性分布的总体趋势，可以分为两种类型：一种是常住人口密度较高而社区卫生服务水平较低的空间单元，例如延吉新村街道、甘泉路街道、彭浦新村街道等，此类空间单元中老龄人口的人均社区卫生服务水平显著低于研究范围的

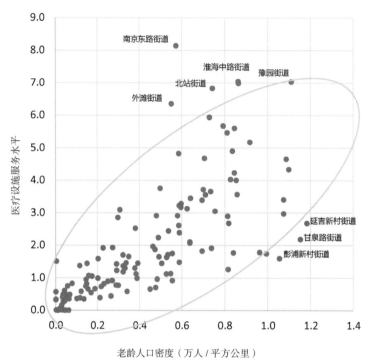

图 11-2　各个空间单元的老龄人口密度和社区卫生服务水平散点图

平均水平；第二种是老龄人口密度较低而社区卫生服务水平较高的空间单元，例如豫园街道、南京东路街道、淮海中路街道、北站街道、外滩街道等，此类空间单元中老龄人口的人均社区卫生服务水平显著高于研究范围的平均水平。

2010 年上海市中心城区的老龄人口占常住人口比重为 16.67%，老龄人口享有的社区卫生服务中心的资源总量比重为 16.95%，老龄人口享有社区卫生服务资源的份额指数为 1.017，略高于社会平均水平，达到了社会正义的底线要求。如前所述，老龄人口密度分布呈现出浦西高于浦东和核心高于外围的明显特征，与社区卫生服务资源分布较为一致。

11.2.2　社区卫生服务中心分布的社会正义绩效的空间格局

份额指数考察了社区卫生服务中心分布的社会正义绩效的总体水平，在此基础上，可以采用各个空间单元的老龄人口人均享有社区卫生服务水平及其区位熵，分析社会正义绩效的空间分布格局。

统计检验表明，老龄人口人均享有社区卫生服务水平的区位熵分布在地域维度并不存在显著差异，但在圈层维度存在显著差异（图 11-3）。在地域维度，浦西地区和浦东地区的老龄人口人均享有社区卫生服务水平基本持平，分别为 452.23 和 460.53。尽管浦西地区的社区卫生服务水平高于浦东，但浦西地区的老龄人口密度也高于浦东，导致两个地区的老龄人口人均社区卫生服务资源水平相近。在圈层维度，内环内、内中环、中外环和外环外的老龄人口人均享有社区卫生服务水平分别为 564.96、340.43、413.49 和 544.32，内环内的老龄人口人均享有社区卫生服务水平高于其他圈层，而内中环、中外环和外环外的老龄人口人均享有社区卫生服务水平依次递增。一方面，尽管内环内的老龄人口密度高于其他圈层，但内环内的社区卫生服务水平更高；另一方面，内中环、中外环和外环外的老龄人口密度呈现显著递减趋势。

基于统计学原理，可以将各个空间单元的区位熵分为五档（表 11-1、图 11-4），包括区位熵极高、较高、中等、较低和极低的空间单元。其中，区位熵最高和最低

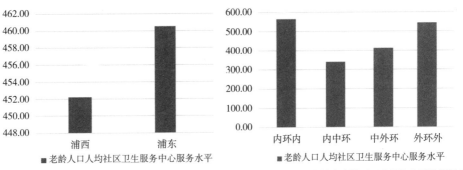

图 11-3a　老龄人口人均享有社区卫生服务水平的地域维度差异　图 11-3b　老龄人口人均享有社区卫生服务水平的圈层维度差异

各个空间单元的老龄人口人均享有社区卫生服务水平的区位熵分档　表 11-1

区位熵分档	单元数量（个）	所占比例（%）	区位熵值
极低	10.0	14	< 0.405
较低	26.7	36	0.405—0.810
中等	26.7	36	0.810—1.2125
较高	26.7	36	1.2125—2.300
极高	10.0	13	> 2.300

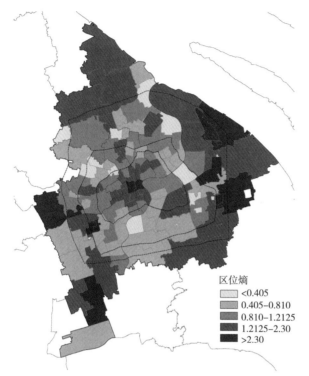

图 11-4   老龄人口人均享有社区卫生服务水平的各级区位熵的空间单元分布

的 10% 空间单元是需要重点考察的异常空间单元。在区位熵极低的 14 个空间单元，老龄人口的人均享有社区卫生服务资源水平小于研究范围平均水平的 40%；在区位熵极高的 13 个空间单元，老龄人口的人均享有社区卫生服务资源水平大于研究范围平均水平的 2 倍多。

11.2.3   社区卫生服务中心分布的异常空间单元解析

（1）社区卫生服务中心的社会正义区位熵极低的空间单元

如表 11-2 所示，区位熵极低的 14 个空间单元的共同特点是社区卫生服务中心服务水平低于老龄人口密度，但是原因不尽相同，可以分为两种类型。第一类的 5 个空间单元，老龄人口密度极低，但社区卫生服务中心服务水平更低，其中 4 个空间单元位于社区卫生服务中心的服务盲区；第二类的 9 个空间单元，老龄人口密度极高，而社区卫生服务中心服务水平为中等或较低。

基于地理区位和主导功能，区位熵极低的 14 个空间单元大致可以分 4 种类型

社会正义区位熵极低的空间单元中老龄人口密度和社区卫生服务中心服务水平　表 11-2

序号	空间单元名称	区位熵	老龄人口密度		社区卫生服务中心服务水平	
			万人 / 平方公里	分级	地均有效服务面积	分级
1	张江镇（中）	0	0.04	极低	0	极低
2	张江高科技园区（中）	0	0.06	极低	0	极低
3	金桥镇（北）	0	0.01	极低	0	极低
4	宝山城市工业园区	0	0.01	极低	0	极低
5	张江镇（北）	0.071	0.03	极低	0.01	极低
6	殷行街道	0.320	0.45	极高	0.65	较低
7	金杨新村街道	0.326	0.48	极高	0.70	较低
8	彭浦新村街道	0.334	1.05	极高	1.60	中等
9	虹梅路街道（南）	0.341	0.81	极高	1.26	中等
10	真如镇	0.365	0.55	极高	0.92	较低
11	长征镇（北）	0.367	0.26	极高	0.44	较低
12	上钢新村街道	0.377	0.34	极高	0.58	较低
13	宜川路街道	0.387	0.99	极高	1.75	中等
14	吴淞街道	0.403	0.21	较高	0.39	较低

（表 11-3、图 11-5）。第一类的上钢新村街道，是正在开发建设、配套尚未健全地区；第二类的张江镇（北），是建设较晚、配套设施滞后的原城乡结合部位；第三类是高开发强度的居住社区，老龄人口密度较大，包括彭浦新村街道、虹梅路街道（南）、金杨新村街道、长征镇（北）、宜川路街道；第四类是居住和产业并存、

社区卫生服务中心的社会正义绩效区位熵极低的空间单元分类　表 11-3

序号	空间单元名称	地理区位	主要功能	地域类型
1	上钢新村街道	中部	居住、公共服务	正在开发建设、配套尚未健全地区
2	张江镇（北）	中部	公共服务	建设较晚、配套落后的原城乡结合部位
3	金杨新村街道	中部	居住	
4	彭浦新村街道	中部	居住	
5	虹梅路街道（南）	中部	居住	高开发强度的居住社区
6	宜川路街道	核心	居住	
7	长征镇（北）	中部	居住	

续表

序号	空间单元名称	地理区位	主要功能	地域类型
8	吴淞街道	外围	产业、居住	居住和产业并存、配套不足地区
9	真如镇	中部	居住、产业	
10	殷行街道	外围	居住、产业	
11	金桥镇（北）	外围	公共服务	配套设施极度缺乏的外围或小型空间单元
12	张江高科技园区（中）	中部	居住、教育	
13	张江镇（中）	中部	居住	
14	宝山城市工业园区	外围	产业	

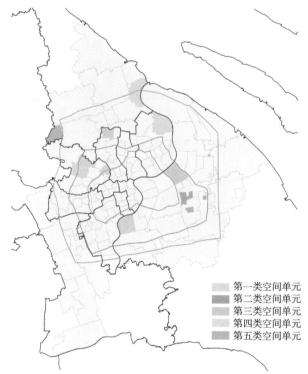

第一类空间单元
第二类空间单元
第三类空间单元
第四类空间单元
第五类空间单元

图 11-5　社区卫生服务中心社会正义绩效区位熵极低的各类空间单元分布

配套设施不足地区，包括真如镇、殷行街道、吴淞街道；第五类是配套设施极度缺乏的外围或小型空间单元，是医疗设施的服务盲区，包括金桥镇（北）、张江镇（中）、张江高科技园区（中）、宝山城市工业园区。

（2）社区卫生服务中心的社会正义绩效区位熵极高的空间单元

如表11-4所示，在区位熵极高的13个空间单元，共同特点是社区卫生服务水平高于老龄人口密度。11个空间单元的老龄人口密度极低，而社区卫生服务水平较低或中等；2个空间单元的老龄人口密度极高，而社区卫生服务水平更高。

基于地理区位和主导功能，区位熵极高的13个空间单元大致可以分为4种类型（表11-5、图11-6）。第一类是老龄人口比例极低的大型产业园区，包括外高桥保税区、金桥出口加工区、张江高科技园区（东）、高东镇（东）、虹梅路街道（东）和漕河泾新兴技术开发区6个空间单元；第二类是常住人口稀少的对外交通门户或大型公共设施所在地区，包括新虹街道、程家桥街道2个空间单元；第三类是老

社会正义区位熵极高的空间单元中老龄人口密度和社区卫生服务水平　　表11-4

序号	空间单元名称	区位熵	老龄人口密度		社区卫生服务水平	
			万人/平方公里	分级	地均有效服务面积	分级
1	外高桥保税区	230.50	0.0005	极低	0.56	较低
2	金桥出口加工区	221.08	0.0003	极低	0.32	极低
3	张江高科技园区（东）	144.52	0.0005	极低	0.33	较低
4	漕河泾新兴技术开发区	101.11	0.0033	极低	1.51	中等
5	新虹街道	3.34	0.04	极低	0.61	较低
6	唐镇	3.14	0.034	极低	0.48	较低
7	南京东路街道	3.13	0.57	极高	8.14	极高
8	程家桥街道	3.04	0.05	极低	0.75	较低
9	高东镇（东）	2.80	0.03	极低	0.40	较低
10	虹梅路街道（东）	2.63	0.12	较低	1.37	中等
11	外滩街道	2.54	0.55	极高	6.36	极高
12	高东镇（西）	2.50	0.04	极低	0.50	较低
13	颛桥镇	2.38	0.08	极低	0.83	较低

社区卫生服务中心的社会正义绩效区位熵极高的空间单元分类　　表11-5

序号	空间单元名称	地理区位	主要功能	地域类型
1	外高桥保税区	外围	产业	老龄人口比例极低的大型产业园区所在地区
2	金桥出口加工区	外围	产业	

续表

序号	空间单元名称	地理区位	主要功能	地域类型
3	张江高科技园区（东）	外围	产业	老龄人口比例极低的大型产业园区所在地区
4	高东镇（东）	外围	产业（城乡结合）	
5	虹梅路街道（东）	中部	产业	
6	漕河泾新兴技术开发区	中部	产业	
7	新虹街道	外围	公共服务，对外交通门户	常住人口稀少的对外交通门户或大型公共设施所在地区
8	程家桥街道	外围	对外交通门户	
9	南京东路街道	核心	综合服务	老龄人口密度较低的城市商业和商务中心所在地区
10	外滩街道	核心	综合服务	
11	高东镇（西）	外围	公共服务	老龄人口密度极低的外围或小型空间单元
12	颛桥镇	外围	产业、居住（城乡结合）	
13	唐镇	外围	产业、居住（城乡结合）	

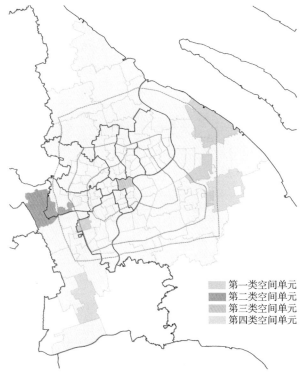

图11-6 社区卫生服务中心社会正义绩效区位熵极高的各类空间单元分布

龄人口密度较低的城市商业和商务中心所在地区，包括南京东路街道和外滩街道；第四类是老龄人口密度极低的外围或小型空间单元，包括高东镇（西）、颛桥镇和唐镇。

11.3 二级医院分布的社会正义绩效评价和分析

11.3.1 二级医院分布的社会正义绩效的总体水平

统计分析表明，老龄人口密度分布和二级医院服务水平分布呈现较高程度的正相关关系，Pearson 相关性 0.674，在 0.01 水平上显著。这表明，老龄人口密度较高的空间单元拥有较高的二级医院服务水平。如图 11-7 所示，依然存在少数空间单元偏离线性分布的总体趋势，可以分为两种类型：一种是常住人口密度较高而二级医院服务水平较低的空间单元，例如曹杨新村街道、延吉新村街道、甘泉路街道、彭浦新村街道等，此类空间单元中老龄人口的人均社区卫生服务水平显著低于研究

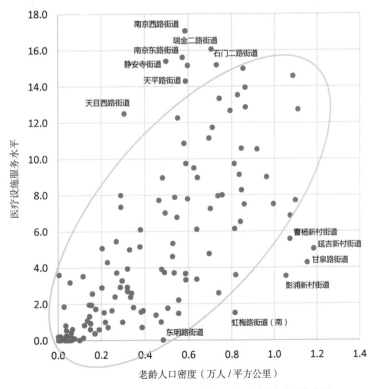

图 11-7 各个空间单元的老龄人口密度和二级医院服务水平散点图

范围的平均水平；第二种是老龄人口密度较低而社区卫生服务水平较高的空间单元，例如天目西路街道、静安寺街道、南京西路街道、南京东路街道等，此类空间单元中老龄人口的人均社区卫生服务水平显著高于研究范围的平均水平。

2010 年上海市中心城区的老龄人口占常住人口比重为 16.67%，老龄人口享有二级医院的资源总量比重为 18.60%，老龄人口享有二级医院服务资源的份额指数为 1.12，高于社会平均水平，达到了社会正义的底线要求。老龄人口的空间分布显示出浦西高于浦东和核心高于外围的明显特征，与二级医院服务资源的空间分布较为匹配，因而显示出良好的社会正义绩效。

11.3.2 二级医院分布的社会正义绩效的空间格局

份额指数考察了二级医院分布的社会正义绩效的总体水平，在此基础上，可以采用各个空间单元的老龄人口人均享有二级医院服务水平及其区位熵，分析社会正义绩效的空间分布格局。

统计检验表明，老龄人口人均享有二级医院服务水平分布在地域维度和圈层维度都存在显著差异（图 11-8）。在地域维度，浦西地区和浦东地区的老龄人口人均享有二级医院服务水平分别为 1041.94 和 630.99，浦西地区的老龄人口人均享有二级医院服务水平显著高于浦东。在圈层维度，老龄人口人均享有二级医院服务水平呈现从核心到外围的依次递减趋势，内环内、内中环、中外环和外环外的老龄人口人均享有二级医院服务水平分别为 1578.76、834.81、736.28 和 392.22，内环内的老龄人口人均享有二级医院服务水平显著高于其他圈层。

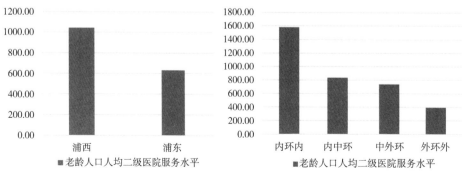

图 11-8a 老龄人口人均享有二级医院服务水平的 图 11-8b 老龄人口人均享有二级医院服务水平的圈层维
地域维度差异   度差异

　　基于统计学原理，可以将各个空间单元的区位熵分为五档（表11-6、图11-9），包括区位熵极高、较高、中等、较低和极低的空间单元。其中，区位熵最高和最低的10%空间单元是需要重点考察的异常空间单元。在区位熵极低的14个空间单元，老龄人口人均享有二级医院服务水平小于研究范围平均水平的3%；在区位熵极高的13个空间单元，老龄人口人均享有二级医院服务水平大于研究范围平均水平的2.6倍。

各个空间单元的老龄人口人均享有二级医院服务水平的区位熵分档　　表11-6

区位熵分档	单元数量（个）	所占比例（%）	区位熵值
极低	14	10.0	< 0.03
较低	36	26.7	0.03—0.718
中等	36	26.7	0.718—1.30
较高	36	26.7	1.30—2.60
极高	13	10.0	> 2.60

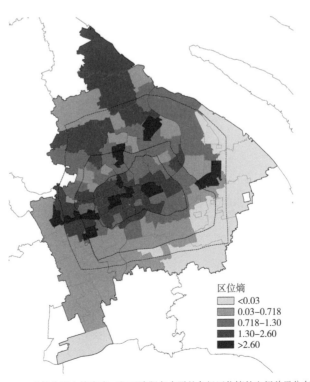

图11-9　老龄人口人均享有二级医院服务水平的各级区位熵的空间单元分布

11.3.3 二级医院服务水平的社会正义绩效分布的异常空间单元解析

（1）二级医院服务水平的社会正义绩效区位熵极低的空间单元

如前所述，二级医院服务资源高度集中在浦西的外环内和浦东的内环内，二级医院的社会正义绩效区位熵极低的14个空间单元都位于外围的二级医院服务盲区（表11-7），类型划分与二级医院的社会公平绩效区位熵极低的空间单元相同，不再赘述。

社会正义区位熵极低的空间单元中老龄人口密度和二级医院服务水平   表 11-7

序号	空间单元名称	区位熵	老龄人口密度		社区卫生服务中心服务水平	
			万人/平方公里	分级	地均有效服务面积	分级
1	外高桥保税区	0	0.0005	极低	0	极低
2	张江高科技园区（东）	0	0.0005	极低	0	极低
3	唐镇	0	0.03	极低	0	极低
4	高东镇（东）	0	0.03	极高	0	极低
5	高东镇（西）	0	0.04	较低	0	极低
6	张江镇（南）	0	0.05	极低	0	极低
7	曹路镇	0	0.04	极低	0	极低
8	康桥镇	0	0.04	极低	0	极低
9	张江高科技园区（西）	0	0.0015	极低	0	极低
10	江川路街道	0	0.10	极低	0	极低
11	东明路街道	0	0.48	极低	0	极低
12	金桥镇（北）	0	0.01	极低	0	极低
13	张江高科技园区（中）	0	0.06	极低	0	极低
14	张江镇（中）	0	0.04	极低	0	极低

（2）二级医院服务水平的社会正义绩效区位熵极高的空间单元

如表11-8所示，在区位熵极高的13个空间单元，共同特点是二级医院服务水平高于老龄人口密度。4个空间单元的老龄人口密度极低，而社区卫生服务水平中等或较低；9个空间单元的老龄人口密度较高或极高，而二级医院服务水平更高。

社会正义区位熵极高的空间单元中老龄人口密度和二级医院服务水平　表 11-8

序号	空间单元名称	区位熵	老龄人口密度		二级医院服务水平	
			万人/平方公里	分级	地均有效服务面积	分级
1	漕河泾新兴技术开发区	114.68	0.0033	极低	3.59	中等
2	金桥出口加工区	61.93	0.0003	极低	0.19	较低
3	新江湾城街道	7.23	0.03	极低	1.85	较低
4	程家桥街道	6.13	0.05	极低	3.19	中等
5	天目西路街道	4.29	0.31	极高	12.50	较高
6	静安寺街道	3.24	0.50	极高	15.38	极高
7	虹梅路街道（东）	3.21	0.12	较低	3.52	中等
8	南京西路街道	3.06	0.58	极高	17.06	极高
9	南京东路街道	2.85	0.57	极高	15.60	极高
10	陆家嘴街道	2.74	0.29	极高	7.99	较高
11	湖南路街道	2.66	0.60	极高	15.15	极高
12	虹桥街道	2.65	0.29	极高	7.34	较高
13	大宁路街道	2.62	0.20	较高	5.07	中等

　　基于地理区位和主导功能，区位熵极高的 13 个空间单元大致可以分为 5 种类型（表 11-9、图 11-10）。第一类的新江湾城街道，是人口尚未完全迁入的新建住区；第二类是城市商务中心所在地区，包括陆家嘴街道和虹桥街道；第三类是对外交通门户或大型公共设施所在地区，包括天目西路街道、程家桥街道、大宁路街道；第四类是城市商业和商务中心所在的公共活动中心地区，包括静安寺街道、南京西路街道、南京东路街道、湖南路街道；第五类是老龄人口比例极低的大型产业园区，包括漕河泾新兴技术开发区、虹梅路街道（东）、金桥出口加工区。

二级医院的社会正义区位熵极高的空间单元分类　表 11-9

序号	空间单元名称	地理区位	主要功能	地域类型
1	新江湾城街道	外围	居住	人口尚未完全迁入的新建住区
2	陆家嘴街道	核心	商务中心	城市商务中心所在地区
3	虹桥街道	中部	商务中心	

续表

序号	空间单元名称	地理区位	主要功能	地域类型
4	程家桥街道	外围	对外交通门户	对外交通门户或大型公共设施所在地区
5	天目西路街道	核心	对外交通门户	
6	大宁路街道	中部	居住、产业	
7	南京西路街道	核心	商业和商务中心	城市公共活动中心所在地区
8	南京东路街道	核心	商业和商务中心	
9	湖南路街道	核心	商业和商务中心	
10	静安寺街道	核心	商业和商务中心	
11	漕河泾新兴技术开发区	中部	产业	老龄人口比例极低的大型产业园区
12	金桥出口加工区	外围	产业	
13	虹梅路街道（东）	中部	产业	

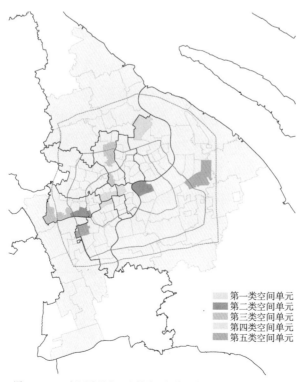

图 11-10　二级医院社会正义绩效区位熵极高的各类空间单元分布

11.4　三级医院分布的社会正义绩效评价和分析

11.4.1　三级医院分布的社会正义绩效的总体水平

统计分析表明，老龄人口密度分布和三级医院社区卫生服务中心服务水平分布呈现较高程度的正相关关系，Pearson 相关性 0.666，在 0.01 水平上显著。这表明，老龄人口密度较高的空间单元拥有较高的三级医院服务水平。如图 11-11 所示，依然存在少数空间单元偏离线性分布的总体趋势，可以分为两种类型：一种是老龄人口密度较高而三级医院服务水平较低的空间单元，例如彭浦新村街道、张庙街道、临汾路街道、延吉新村街道等，此类空间单元中老龄人口的人均三级医院服务水平显著低于研究范围的平均水平；第二种是老龄人口密度较低而三级医院服务水平较高的空间单元，例如天目西路街道、静安寺街道、南京东路街道、南京西路街道等，此类空间单元中老龄人口的人均三级医院服务水平显著高于研究范围的平均水平。

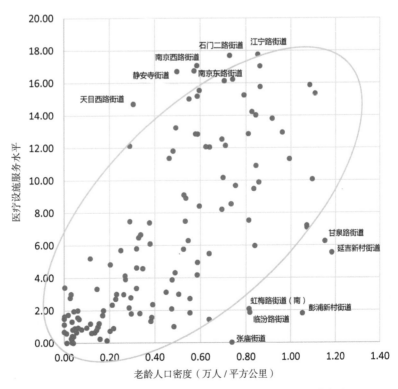

图 11-11　各个空间单元的老龄人口密度和三级医院服务水平散点图

2010 年上海市中心城区的老龄人口占常住人口比重为 16.67%，老龄人口享有的三级医院的资源总量比重为 17.75%，老龄人口享有三级医院服务资源的份额指数为 1.06，略高于社会平均水平，达到了社会正义的底线要求。如前所述，老龄人口密度分布呈现出浦西高于浦东和核心高于外围的明显特征，与三级医院的服务资源分布较为一致。

11.4.2   三级医院分布的社会正义绩效的空间格局

份额指数考察了三级医院分布的社会正义绩效的总体水平，在此基础上，可以采用各个空间单元的老龄人口人均享有三级医院服务水平及其区位熵，分析社会正义绩效的空间分布格局。

统计检验表明，老龄人口人均享有三级医院服务水平分布在地域维度并不存在显著差异，但在圈层维度存在显著差异（图 11-12）。在地域维度，浦西地区和浦东地区的老龄人口人均享有三级医院服务水平的差异不大，分别为 1221.60 和 1481.21。尽管浦西地区的三级医院服务水平高于浦东，但浦西地区的老龄人口密度更高于浦东，导致浦东地区的老龄人口人均三级医院服务水平还略高于浦西地区。在圈层维度，内环内、内中环、中外环和外环外的老龄人口人均享有社区卫生服务水平分别为 1957.24、1279.62、779.58 和 882.83，呈现从核心到外围的递减趋势，但内环内的老龄人口人均三级医院服务水平明显高于其他圈层，而内中环、中外环和外环外的老龄人口人均三级医院服务水平的差异不大。尽管内环内的老龄人口密度高于其他圈层，但内环内的三级医院服务水平更高。

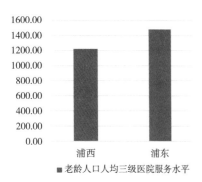

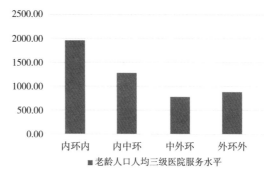

图 11-12a   老龄人口人均享有三级医院服务水平的地域维度差异

图 11-12b   老龄人口人均享有三级医院服务水平的圈层维度差异

基于统计学原理，可以将各个空间单元的区位熵分为五档（表11-10、图11-13），包括区位熵极高、较高、中等、较低和极低的空间单元。其中，区位熵最高和最低的10%空间单元是需要重点考察的异常空间单元。在区位熵极低的14个空间单元，老龄人口的人均享有三级医院服务水平小于研究范围平均水平的30%；在区位熵极高的13个空间单元，老龄人口的人均享有三级医院服务水平大于研究范围平均水平的3倍多。

各个空间单元的老龄人口人均享有三级医院服务水平的区位熵分档　　表11-10

区位熵分档	单元数量（个）	所占比例（%）	区位熵值
极低	14	10.0	<0.30
较低	36	26.7	0.30—0.83
中等	36	26.7	0.83—1.40
较高	36	26.7	1.40—3.10
极高	13	10.0	>3.10

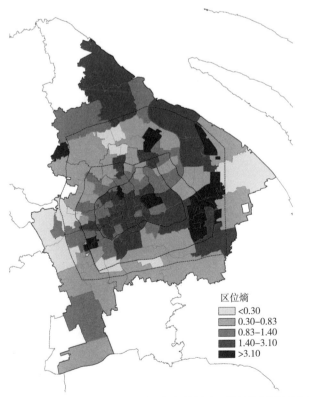

区位熵
<0.30
0.30–0.83
0.83–1.40
1.40–3.10
>3.10

图11-13　老龄人口人均享有三级医院服务水平的各级区位熵的空间单元分布

11.4.3 三级医院服务水平的社会正义绩效分布的异常空间单元解析

（1）三级医院服务水平的社会正义区位熵极低的空间单元

如表11-11所示，区位熵极低的14个空间单元的共同特点是三级医院服务水平低于老龄人口密度，但是原因不尽相同，可以分为两种类型。在第一类的4个空间单元，老龄人口密度极低或较低，但三级医院服务水平更低，其中个空间单元位于三级医院的服务盲区；在第二类的10个空间单元，老龄人口密度极高、中等或较高，而三级医院服务水平为极低或较低。

基于地理区位和主导功能，区位熵极低的14个空间单元大致可以分3种类型（表11-12、图11-14）。第一类是配套设施极度缺乏的外围或小型空间单元，是三级医院的服务盲区，包括金桥镇（北）和曹路镇；第二类是高开发强度的居住社区，包括张庙街道、庙行镇、彭浦新村街道、东明路街道、北新泾街道、临汾路街道、虹梅路街道（南）、凌云路街道、长桥街道；第三类是正在开发建设、配套设施尚未健全地区，包括新虹街道、七宝镇、新泾镇。

社会正义区位熵极低的空间单元中老龄人口密度和三级医院服务水平　　表 11-11

序号	空间单元名称	区位熵	老龄人口密度		三级医院服务水平	
			万人／平方公里	分级	地均有效服务面积	分级
1	金桥镇（北）	0	0.01	极低	0	极低
2	新虹街道	0	0.04	极低	0	极低
3	张庙街道	0.002	0.74	极高	0.02	极低
4	曹路镇	0.048	0.04	极低	0.02	极低
5	七宝镇	0.055	0.19	中等	0.13	极低
6	庙行镇	0.117	0.16	较低	0.24	极低
7	彭浦新村街道	0.134	1.05	极高	1.80	较低
8	东明路街道	0.162	0.48	极高	1.00	较低
9	北新泾街道	0.176	0.64	极高	1.43	较低
10	临汾路街道	0.179	0.82	极高	1.86	较低
11	虹梅路街道（南）	0.200	0.81	极高	2.08	较低
12	凌云路街道	0.260	0.55	极高	1.84	较低
13	长桥街道	0.273	0.38	极高	1.33	较低
14	新泾镇	0.283	0.20	较高	0.73	较低

三级医院服务水平的社会正义绩效区位熵极低的空间单元分类　　表 11-12

序号	空间单元名称	地理区位	主要功能	地域类型
1	金桥镇（北）	外围	公共服务	配套设施极度缺乏的外围或小型空间单元
2	曹路镇	外围	产业、居住	
3	张庙街道	中部	居住	高开发强度的居住社区
4	庙行镇	外围	居住	
5	彭浦新村街道	中部	居住	
6	东明路街道	外围	居住	
7	北新泾街道	外围	居住	
8	临汾路街道	中部	居住	
9	虹梅路街道（南）	中部	居住	
10	凌云路街道	外围	居住、对外交通门户（南站）	
11	长桥街道	外围	居住、大型公共服务设施（上海植物园）	
12	新泾镇	外围	产业、居住	正在开发建设、配套设施尚未健全地区
13	七宝镇	外围	产业、居住	
14	新虹街道	外围	对外交通门户	

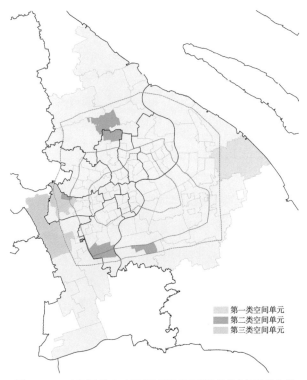

图 11-14　三级医院社会正义绩效区位熵极低的各类空间单元分布

（2）三级医院服务水平的社会正义绩效区位熵极高的空间单元

如表 11-13 所示，在区位熵极高的 13 个空间单元，共同特点是三级医院服务水平高于老龄人口密度。11 个空间单元的老龄人口密度极低或较低，而三级医院服务水平以中等或较低为主；2 个空间单元的老龄人口密度极高，而三级医院服务水平相对较高。

社会正义区位熵极高的空间单元中老龄人口密度和三级医院服务水平　表 11-13

序号	空间单元名称	区位熵	老龄人口密度		三级医院服务水平	
			万人/平方公里	分级	地均有效服务面积	分级
1	金桥出口加工区	277.19	0.0003	极低	1.14	较低
2	张江高科技园区（东）	230.92	0.0005	极低	1.50	较低
3	外高桥保税区	98.40	0.0005	极低	0.68	较低
4	张江高科技园区（西）	85.35	0.0015	极低	1.63	较低
5	漕河泾新兴技术开发区	81.58	0.0033	极低	3.42	中等
6	新江湾城街道	8.11	0.03	极低	2.78	中等
7	张江镇（北）	7.71	0.03	极低	3.00	中等
8	金桥镇（南）	7.68	0.02	极低	1.73	较低
9	宝山城市工业园区	4.63	0.01	极低	0.58	极低
10	天目西路街道	3.77	0.31	极高	14.70	较高
11	张江镇（中）	3.54	0.04	极低	1.95	较低
12	虹梅路街道（东）	3.54	0.12	较低	5.20	中等
13	陆家嘴街道	3.11	0.29	极高	12.12	较高

基于地理区位和主导功能，区位熵极高的 13 个空间单元大致可以分为 5 种类型（表 11-14、图 11-15）。第一类是老龄人口密度极低的外围或小型空间单元，包括金桥镇（南）、宝山城市工业园区、张江镇（中）；第二类是对外交通门户或大型公共设施所在地区，包括天目西路街道、张江镇（北）；第三类的陆家嘴街道是城市商务中心所在地区；第四类的新江湾城街道是人口尚未完全迁入的新建住区；第五类是老龄人口比例极低的大型产业园区，包括金桥出口加工区、外高桥保税区、张江高科技园区（东）、张江高科技园区（西）、漕河泾新兴技术开发区、虹梅路街道（东）。

三级医院服务水平的社会正义区位熵极高的空间单元分类　　　　表 11-14

序号	空间单元名称	地理区位	主要功能	地域类型
1	张江镇（中）	中部	居住	老龄人口密度极低的外围或小型空间单元
2	金桥镇（南）	中部	居住、产业	
3	宝山城市工业园区	外围	产业	
4	天目西路街道	核心	对外交通门户	对外交通门户或大型公共设施所在地区
5	张江镇（北）	中部	公共服务	
6	陆家嘴街道	核心	公共服务	城市商务中心所在地区
7	新江湾城街道	外围	居住	人口尚未完全迁入的新建住区
8	金桥出口加工区	外围	产业	老龄人口比例极低的大型产业园区
9	张江高科技园区（东）	外围	产业	
10	外高桥保税区	外围	产业	
11	张江高科技园区（西）	中部	产业	
12	漕河泾新兴技术开发区	中部	产业	
13	虹梅路街道（东）	中部	产业	

第一类空间单元
第二类空间单元
第三类空间单元
第四类空间单元
第五类空间单元

图 11-15　三级医院社会正义绩效区位熵极高的各类空间单元分布

第五部分

5

结论和讨论

第 12 章

主要发现

在第二部分、第三部分和第四部分，基于基尼系数和份额指数，分别对于 2010 年上海市中心城区轨道交通网络、公共绿地和公共设施（以公共医疗设施为例）分布的社会公平绩效和社会正义绩效进行总体评价；采用区位熵方法，对于社会公平绩效和社会正义绩效的空间分布格局进行解析。本章对于上述三类公共设施分布的社会公平绩效和社会正义绩效进行总结，并且对于社会公平绩效和社会正义绩效进行比较。

12.1 轨道交通网络分布的社会绩效研究的主要发现

12.1.1 社会公平绩效小结

社会公平绩效评价和分析关注轨道交通网络资源分布和全体常住人口分布的空间匹配情况，包括总体水平评价、空间分布格局识别和异常空间单元解析。在总体水平方面，2010 年上海市中心城区轨道交通网络资源分布的基尼系数为 0.394，如果参照联合国关于收入分配公平性的衡量标准，轨道交通网络资源分布的基尼系数处于相对合理区间。

在空间分布格局方面，常住人口人均轨道交通网络服务水平分布在圈层维度存在显著差异，呈现从核心到外围的依次递减趋势，但在地域维度并不存在显著差异。在异常空间单元解析方面，区位熵极高的空间单元是轨道交通网络资源水平高于常住人口密度，大致可以分为 5 种类型，包括公共活动中心所在地区、对外交通门户所在地区、大型产业园区所在地区、尚未完全入住的新建住区、尚未完全开发的城乡结合部位，区位熵极低的空间单元是轨道交通网络资源水平低于常住人口密度，大致可以分为两种类型，包括位于中部（中环线以内或两侧）和位于外围（中环线以外）的空间单元。

12.1.2 社会正义绩效小结

社会正义绩效评价和分析关注轨道交通网络资源分布和重点需求群体分布的空间匹配情况，轨道交通网络分布的重点需求群体是常住人口中的低收入群体，包括总体水平评价、空间分布格局识别和异常空间单元解析。在总体水平方面，2010年上海市中心城区的低收入群体享有轨道交通网络资源的份额指数为0.968，尽管略低于社会平均份额，但依然处于可以接受的合理区间。

在空间分布格局方面，低收入常住人口人均轨道交通网络服务水平分布在圈层维度存在显著差异，呈现从核心到外围的依次递减趋势，但在地域维度并不存在显著差异。在异常空间单元解析方面，区位熵极高的空间单元是轨道交通网络资源水平高于低收入常住人口密度，大致可以分为5种类型，包括商务或公共活动中心所在地区、对外交通门户所在地区、大型产业园区所在地区、近年新建住区、外围传统工人新村和产业聚集地区；区位熵极低的空间单元是轨道交通网络资源水平低于低收入常住人口密度，大致可以分为3种类型，包括大型产业园区所在地区、居住功能为主地区、功能混杂的城乡结合部位。

12.1.3　社会公平绩效和社会正义绩效的比较

（1）总体水平比较

在城市社会空间分异加剧的背景下，常住人口和各类社会群体的空间分布特征不尽相同，导致轨道交通网络分布的社会公平绩效和社会正义绩效存在差异。就针对常住人口的社会公平绩效而言，如果参照联合国的收入分配标准，轨道交通网络分布的基尼系数值处于相对合理区间；就针对低收入常住人口的社会正义绩效而言，尽管低收入群体享有轨道交通网络资源的份额指数略低于社会平均水平，但依然处于可以接受的合理区间。

（2）空间分布格局比较

在本研究中，全体常住人口和低收入常住人口的人均享有轨道交通网络资源水平的空间分布格局具有共性，在圈层维度都存在显著差异，呈现从核心到外围的依次递减趋势，但在地域维度都不存在显著差异。原因可以分为两个方面：一方面，常住人口和低收入人口的空间分布较为类似；另一方面，尽管轨道交通网络资源、常住人口和低收入常住人口的空间分布都呈现从核心到外围的递减趋势，但核心圈层的轨道交通网络资源水平高于常住人口密度和低收入常住人口密度，外围圈层的轨道交通网络资源水平低于常住人口密度和低收入常住人口密度，由此导致轨道交通网络分布的社会公平绩效和社会正义绩效都呈现从核心到外围的递减趋势。

12.2 公共绿地分布的社会绩效研究的主要发现

12.2.1 社会公平绩效小结

社会公平绩效评价和分析关注公共绿地资源分布和全体常住人口分布的空间匹配情况，包括总体水平评价、空间分布格局分析和异常空间单元解析。在总体水平方面，2010 年上海中心城区公共绿地资源分布的基尼系数为 0.294，如果参照联合国关于收入分配公平性的衡量标准，公共绿地资源分布的基尼系数处于比较平均区间。在空间分布格局方面，人均公共绿地资源水平呈现地域维度的显著差异，浦东地区的人均公共绿地资源水平高于浦西，但圈层维度的差异并不显著，表明近年来"内环内消除公共绿地的 500 米服务盲区"取得了明显成效。在异常空间单元解析方面，区位熵极高的空间单元是公共绿地资源水平高于常住人口密度，可以分为 4 种类型，包括新兴产业园区所在地区、公共服务或商业商务中心所在地区、尚未大规模入住的新建住宅区、正在开发建设中和靠近大型公共绿地的原城乡结合地区；区位熵低的空间单元是公共绿地资源水平低于常住人口密度，可以分为 3 种类型，包括建设年代较早的工人新村、局部经过旧城改造的高强度住宅区、正在开发建设中和绿地建设相对滞后的原城乡结合地区。

12.2.2 社会正义绩效小结

社会正义绩效评价和分析关注公共绿地资源分布和重点需求群体分布的空间匹配情况，公共绿地的重点需求群体包括老龄群体和外来低收入群体。2010 年老龄群体享有公共绿地资源的份额指数为 0.933，略低于社会平均水平，尚未达到社会正义理念的底线要求。老龄群体人均公共绿地资源水平的空间分布呈现地域维度和圈层维度的显著差异。在地域维度，浦东地区的老龄群体人均公共绿地资源水平高于浦西；在圈层维度，外围圈层的老龄群体人均公共绿地资源水平高于核心圈层，内环内、内中环、中外环和外环外呈现依次递增趋势。

2010 年外来低收入群体享有公共绿地资源的份额指数为 1.194，高于社会平均份额，已经超过社会正义理念的底线要求。外来低收入群体人均公共绿地资源水平的空间分布呈现地域维度和圈层维度的显著差异。在地域维度，浦东地区的外来低收入群体人均公共绿地资源水平高于浦西；在圈层维度，外来低收入群体人均公共绿地资源水平分布呈现先升后降的变化趋势，内中环的外来低收入群体人均公共绿地资源水平是最高的，而外环外的外来低收入群体人均公共绿地资源水平显著低于其他三个圈层。

12.2.3 社会公平绩效和社会正义绩效的比较

（1）总体水平比较

由于常住人口和各类社会群体的空间分布特征不尽相同，针对常住人口的社会公平绩效、针对老龄人口和外来低收入人口的社会正义绩效之间均存在一定差异。就针对常住人口的社会公平绩效而言，如果参照联合国的收入分配标准，公共绿地分布的基尼系数值处于比较平均区间；就社会正义绩效而言，外来低收入群体享有公共绿地资源的份额指数高于社会平均水平，而老龄人口享有公共绿地资源的份额指数则低于社会平均水平。

（2）空间分布格局比较

社会公平绩效和社会正义绩效之间既有差异、又有关联。在本研究中，常住人口、老龄人口和外来低收入人口人均公共绿地资源水平的空间分布在地域维度和圈层维度既有差异、又有共性。

在地域维度，常住人口、老龄人口和外来低收入人口的人均公共绿地资源水平均表现为浦东高于浦西，但三者之间又存在差异。相比于常住人口分布，老龄人口分布呈现更加明显的浦西集聚特征，因而老龄人口人均公共绿地资源水平在浦东和浦西之间差异比常住人口更为显著；外来低收入人口在浦东和浦西之间的分布差异小于常住人口，因而外来低收入人口人均公共绿地资源水平在浦东和浦西之间差异相对较小。

在圈层维度，三者的空间分布特征并不一致。常住人口的人均公共绿地资源水平在各个圈层之间差异不大，表明公共绿地资源分布和常住人口分布形成空间匹配，近年来内环内新增公共绿地的政策举措促进了社会公平绩效。老龄人口的人均公共绿地资源水平分布呈现出从核心到外围的依次递增，因为老龄人口更多地集聚在核心区域。相反，外来低收入人口的人均公共绿地资源水平分布大致表现为从核心到外围的逐渐递减，因为外来低收入人口更多地集聚在外围区域。

12.3　公共医疗设施分布的社会绩效研究的主要发现

12.3.1　社会公平绩效小结

社会公平绩效关注公共医疗设施分布和常住人口分布的空间匹配状况。2010年上海市中心城区的社区卫生服务中心、二级医院和三级医院的基尼系数分别为0.258、0.448 和 0.398。比较而言，社区卫生服务资源分布与常住人口分布的空间匹配程度较高，三级医院次之，二级医院最低。社区卫生服务中心配置基本以社区建制为依据，与各个社区分布形成空间匹配关系，因而社会公平绩效最佳；二级医院服务资源过度集中在中心城区的核心区域，造成众多外围空间单元的服务水平极低或成为服务盲区，因而社会公平绩效是最低的。

在社会公平绩效的空间分布格局上，各级医疗设施在地域维度和圈层维度上各有特点（表 12-1）。在地域维度，社区卫生服务中心和二级医院存在差异，但三级医院并不存在差异；在圈层维度，各级医疗设施都存在差异，但又有所不同。内环内各级医疗设施的人均资源都显著高于其他圈层；但在内中环、中外环、外环外三个圈层，社区卫生服务中心的人均资源几乎没有差异，二级医院和三级医院的人均资源则呈现出从核心到外围的依次递减趋势。

各级公共医疗设施的常住人口人均资源分布在地域维度和圈层维度的差异　表 12-1

		社区卫生服务中心	二级医院	三级医院
地域	浦西	79.20	182.47	213.93
	浦东	65.17	89.29	209.60
圈层	内环内	112.95	315.62	391.29
	内中环	63.41	155.49	238.35
	中外环	64.76	115.32	122.10
	外环外	64.08	46.18	103.94

内环内的人均公共医疗设施资源显著高于其他三个圈层，可以从两个方面进行解释：其一，由于长期的历史积淀等原因，上海市浦西地区的内环内核心地域集聚了很高比重的公共医疗服务资源；其二，在城市更新过程中，核心地区的居住用地比例减少，商务和商业功能等增多，导致核心地区的常住人口密度大幅降低。

对于社区卫生服务中心、二级医院、三级医院的社会公平绩效极低和极高的异常空间单元进行综合解析。常住人口人均医疗资源极低的空间单元是公共医疗资源水平低于常住人口密度，可以分为 6 种类型，包括高开发强度的居住社区、近年建设和配套设施滞后的原城乡结合部位、居住和产业并重但配套设施不足地区、配套设施不足的大型产业园区、配套设施极度缺乏的外围或小型空间单元、正在开发建设和配套设施尚未健全地区；常住人口人均医疗资源极高的空间单元是公共医疗资源水平高于常住人口密度，可以分为 5 种类型，包括公共服务设施集聚的城市核心地区、常住人口稀少的大型产业园区、对外交通门户或大型公共设施所在地区、城市商务中心所在地区、居住人口尚未完全迁入的近年新建住区。

12.3.2　社会正义绩效小结

社会正义绩效关注公共医疗设施分布和老龄人口分布的空间匹配状况。基于各级医疗设施资源分布在老龄人口中分配，社区卫生服务中心、二级医院和三级医院的份额指数分别为 1.017、1.116 和 1.065。这表明，各级医疗设施的资源分布均向老龄人口倾斜，在不同程度上实现了社会正义绩效。比较而言，二级医院资源分布和老龄人口分布的空间匹配程度最高，三级医院次之，社区卫生服务中心最低。二级医院资源分布在核心和外围形成显著差异，与老龄人口分布的空间匹配程度较好，因而社会正义绩效是最佳的；相反，社区卫生服务资源分布是相对均衡的，核心和外围的差异较小，因而与老龄人口分布的空间匹配程度较差。

在社会正义绩效的空间分布格局上（表 12-2），社区卫生服务中心和三级医院在地域维度上并不存在差异，并且浦东地区的老龄人口人均资源还略高于浦西地区；但二级医院在地域维度上存在显著差异，浦西地区的老龄人口人均资源显著高于浦

各级公共医疗设施的老龄人口人均资源分布在地域维度和圈层维度的差异　表 12-2

		社区卫生服务中心	二级医院	三级医院
地域	浦西	452.23	1041.94	1221.60
	浦东	460.53	630.98	1481.21
圈层	内环内	564.96	1578.76	1956.24
	内中环	340.43	834.81	1279.62
	中外环	413.49	736.28	779.58
	外环外	544.32	392.33	882.83

东地区。

在圈层维度上，各级医疗设施的老龄人口人均资源分布都存在显著差异，内环内各级医疗设施的老龄人口人均资源均显著高于其他圈层，但在内中环、中外环、外环外三个圈层又各有不同。社区卫生服务中心的人均资源分配呈现从内圈到外圈的依次递增趋势；二级医院的人均资源分配在内中环和中外环差异不大，但都显著高于外环外；三级医院在内中环的人均资源分配显著高于中外环和外环外，而中外环和外环外之间差异并不显著。

对于社区卫生服务中心、二级医院、三级医院的社会正义绩效极低和极高的异常空间单元分布和类型进行解析，可以发现其与社会公平绩效的异常空间单元是高度相似的。老龄人口人均医疗资源极低的空间单元是公共医疗资源水平高于老龄人口密度，可以分为 6 种类型，包括高开发强度的居住社区、配套设施滞后的原城乡结合部位、居住和产业并存和配套设施不足地区、配套设施不足的大型产业园区、配套设施极度缺乏的外围或小型空间单元、对外交通门户或大型公共设施所在地区；老龄人口人均医疗资源极高的空间单元是公共医疗资源水平低于老龄人口密度，可以分为 6 种类型，包括公共服务功能集聚的核心地区、老龄人口比例极低的大型产业园区所在地区、对外交通门户或大型公共设施所在地区；城市商务中心所在地区、居住人口尚未完全迁入的近年新建住区、老龄人口密度极低的外围或小型空间单元。

12.3.3　社会公平绩效和社会正义绩效的比较

（1）总体水平比较

由于全体常住人口分布和老龄人口分布并不一致，各级公共医疗设施分布的社会公平绩效和社会正义绩效也不一致。某一类别公共医疗设施的社会公平绩效良好，但社会正义绩效可能并不理想，反之亦然。如表 12-3 的基尼系数所示，社区卫生服务中心分布的社会公平绩效显著高于其他公共医疗设施类别，其次是三级医院，再次是二级医院。公共医疗设施分布的社会公平绩效关注医疗设施分布和全体常住人口分布的空间匹配状况，社区卫生服务中心配置与社区建制直接相关，因而社区卫生服务中心分布和全体常住人口分布的空间匹配是最高的，这显然是公共政策的意图所为。

各级公共医疗设施分布的社会公平绩效和社会正义绩效比较　　　　表 12-3

	基尼系数 （社会公平绩效）	份额指数 （社会正义绩效）
社区卫生服务中心	0.258	1.017
二级医院	0.448	1.116
三级医院	0.398	1.065

如表 12-3 的份额指数所示，二级医院分布的社会正义绩效显著高于其他公共医疗设施类别，其次是三级医院，再次是社区卫生服务中心。医疗设施分布的社会正义绩效关注医疗设施分布和老龄人口分布的空间匹配状况，二级医院分布格局呈现核心高和外围低的显著差异，与老龄人口的空间分布格局是高度匹配的。需要指出的是，二级医院分布和老龄人口分布的空间匹配并非是公共政策的意图所为。

（2）空间格局比较

公共医疗设施的社会公平绩效和社会正义绩效的空间分布格局既有差别、又有关联。对于同一类别医疗设施，社会公平绩效良好的空间单元，其社会正义绩效可能并不理想，反之亦然；对于同一空间单元，某一类别医疗设施的社会公平绩效或社会正义绩效良好，其他类别医疗设施的社会公平绩效或社会正义绩效或许并不理想。

在地域维度上，尽管浦西地区的社区卫生服务中心和三级医院的常住人口人均资源高于浦东，但浦西的老龄人口也更为聚集，导致浦西的老龄人口人均资源略低于浦东；但浦西地区的二级医院资源总量显著高于浦东，二级医院的老龄人口人均资源分布依旧呈现浦西高于浦东的空间格局。

在圈层维度上，尽管各级医疗设施的常住人口人均资源分布呈现核心高和外围低的空间格局，但老龄人口分布同样呈现核心高和外围低的空间格局，导致各级医疗设施分布的社会公平绩效有所不同。社区卫生服务中心的老龄人口人均资源由高到低依次为内环内、外环外、中外环、内中环，并且外环外与内环内水平相近。社区卫生服务中心的资源分布相对平衡，而老龄人口集聚在核心地区的内环内和内中环，由此导致从外环外到内中环的老龄人口人均资源的依次递减趋势。二级医院和三级医院的资源分布更为集聚在核心地区，与老龄人口分布形成空间匹配，因而老龄人口人均资源分布依然呈现从内环内到外环外的依次递减趋势。

12.4　各类公共服务设施分布的社会绩效比较

轨道交通网络、公共绿地和公共医疗设施分布的社会绩效评价和分析具有异同之处。一方面，上述三类公共服务设施分布的社会绩效评价和分析的方法体系是基本一致的。采用基尼系数和份额指数，分别对于各类公共服务设施分布的社会公平绩效和社会正义绩效进行总体评价；采用区位熵方法，对于社会公平绩效和社会正义绩效的空间分布格局进行解析。另一方面，对于上述三类公共服务设施的空间分布格局解析则是各有特点的。尽管轨道交通站点是轨道交通网络资源分布的单一表征，但各个轨道交通站点的综合服务水平涉及不同服务半径的三个圈层，并且三个圈层的权重系数是不同的。公共绿地的资源分布涉及三个层级，包括市级绿地、区级绿地和社区级绿地，并且各级公共绿地的服务半径是不同的，每个空间单元的综合服务水平是各级公共绿地的有效服务面积叠加。公共医疗设施资源也涉及三个层级，包括社区卫生服务中心、二级医院和三级医院，各级公共医疗设施不仅服务半径是不同的，而且医疗服务职能也是不同的，因而各级公共医疗设施的有效服务面积是不能叠加的，必须分别解析各级公共医疗设施资源的空间分布格局。

轨道交通网络、公共绿地和公共医疗设施分布的社会公平绩效评价和分析具有异同之处。基于社会公平理念，各类公共服务设施的社会公平绩效都是关注公共服务设施分布和全体常住人口分布的空间匹配状况，并以基尼系数作为社会公平绩效的表征，具有一定程度的可比性。如上所述，轨道交通网络分布和公共绿地分布的基尼系数分别为 0.394 和 0.294，社区卫生服务中心、二级医院和三级医院分布的基尼系数分别为 0.258、0.448 和 0.398。如果参照联合国关于收入分配公平性的衡量标准，公共绿地分布和社区卫生服务中心分布的基尼系数处于比较平均区间，轨道交通网络分布和三级医院分布的基尼系数处于相对合理区间，二级医院分布的基尼系数处于差距较大区间。

轨道交通网络、公共绿地和公共医疗设施分布的社会正义绩效评价和分析具有异同之处。基于社会正义理念，公共服务设施的社会正义绩效关注公共服务设施分布和特定需求群体分布的空间匹配状况，而各类公共服务设施的特定需求群体是不同的，因而不具有可比性。在本研究中，轨道交通网络分布的特定需求群体是常住人口中的低收入群体，份额指数为 0.968，尽管略低于社会平均份额，但依然处于可以接受的合理区间。公共绿地分布的特定需求群体是常住人口中的老龄群体和外来人口中的低收入群体,份额指数分别为 0.933 和 1.194 ; 前者低于社会平均份额,尚未达到社会正义理念的底线要求 ; 后者高于社会平均份额,已经超过社会正义理念的底线要求。公共医疗设施分布的特定需求群体是常住人口中的老龄群体,老龄群体享有社区卫生服务中心、二级医院和三级医院服务资源的份额指数分别为 1.017、1.116 和 1.065,都超过了社会正义理念的底线要求。

需要强调的是,社会公平绩效和社会正义绩效都是相对而言的。对于社会公平绩效,公共服务资源的分布差异过大固然是不合理的,但绝对公平也并非现实可行状态 ; 对于社会正义绩效,虽然特定需求群体应当享有更多的公共服务资源,但各类社会群体享有公共服务资源的份额也不宜相差过于悬殊。

第13章

拓展讨论

如前所述，各类公共服务设施分布的社会公平绩效和社会正义绩效评价需要进行同一城市的历时性比较和不同城市的共时性比较，本研究为此提供了完整的方法体系。本章对于 2000 年和 2010 年轨道交通网络分布的社会公平绩效和社会正义绩效从总体水平和空间分布格局两个层面进行历时性比较，主要目的是检验本研究提供的方法体系在同一城市的历时性比较中的有效性。此外，与其他类型的公共服务设施分布不同，轨道交通网络分布不仅需要考虑常住人口分布，还应当考虑就业岗位分布，为此本章还要考察 2013 年轨道交通网络分布和就业岗位分布的空间匹配关系。最后，本章简要讨论研究缺憾之处和未来研究展望。

13.1 2000 年和 2010 年轨道交通网络分布的社会绩效的历时性比较

13.1.1 轨道交通网络分布的社会公平绩效演化

（1）社会公平绩效的总体水平演化

从 2000 年到 2010 年，本研究范围内的常住人口总量显著增加，从 2000 年的1110 万增加到 2010 年的 1390 万，但上海市域轨道交通网络的资源总量增加更快，从 2000 年的 65 公里增加到 2010 年的 430 公里。在本研究范围内，2010 年轨道交通网络的有效服务面积是 2000 年的 5 倍以上，2010 年常住人口人均享有轨道交通网络资源达到了 2000 年的 4 倍。更为需要强调的是，从 2000 年到 2010 年，随着常住人口人均享有轨道交通网络资源的显著增加，轨道交通网络资源在常住人口中分配的基尼系数从 2000 年的 0.715 大幅下降到 2010 年的 0.394。

（2）社会公平绩效的空间分布格局演化

如表 13-1 所示，从 2000 年到 2010 年，伴随着轨道交通网络资源在常住人口中分配的基尼系数大幅下降，社会公平绩效在地域维度和圈层维度的空间分布差异也趋于缩小。

在地域维度，浦东地区和浦西地区的常住人口人均享有轨道交通网络资源均有

2000 年和 2010 年常住人口人均享有轨道交通网络资源的空间分布格局演化 表 13-1

		2000 年	2010 年
地域维度	浦西	9.85	38.18
	浦东	7.19	37.88
圈层维度	内环内	16.76	58.96
	内中环	9.55	36.51
	中外环	3.09	25.29
	外环外	2.01	28.69

提高，但浦东和浦西的增长速度分别为 5.3 倍和 3.9 倍，浦东的增长速度显著高于浦西，2000 年浦西的常住人口人均享有轨道交通网络资源高于浦东地区，2010 年浦东和浦西的常住人口人均享有轨道交通网络资源已经基本持平。

在圈层维度，各个圈层的常住人口人均享有轨道交通网络资源均有提高。2000 年各个圈层的常住人口人均享有轨道交通网络资源为内环内＞内中环＞中外环＞外环外，呈现内高外低的圈层分布格局；但从 2000 年到 2010 年的增长速度则是外环外（14.3 倍）＞中外环（8.2 倍）＞内中环（3.8 倍）＞内环内（3.5 倍），呈现内低外高的圈层分布格局；由此，2010 年各个圈层的常住人口人均享有轨道交通网络资源呈现内环内＞内中环＞外环外＞中外环的圈层分布格局，即外坏外圈层的常住人口人均享有轨道交通网络资源水平超过了中外环圈层。

13.1.2　轨道交通网络分布的社会正义绩效演化

（1）社会正义绩效的总体水平演化

从 2000 年到 2010 年，研究范围内低收入常住人口总量从 318.16 万人增长到 395.28 万人，增长了 1.24 倍；但城市轨道交通网络的资源总量增加更快，2010 年轨道交通网络的有效服务面积是 2000 年的 5 倍以上，因而低收入人口人均享有轨道交通网络资源增长了 4 倍多，与常住人口人均享有轨道交通网络资源的增长情况基本持平。从 2000 年到 2010 年，低收入常住人口享有轨道交通网络资源的份额指数从 0.888 上升到 0.968，尽管 2010 年低收入常住人口享有轨道交通网络资源的份额指数仍然低于社会平均水平，但已经处于基本合理区间。

（2）社会正义绩效的空间分布格局演化

如表 13-2 所示，从 2000 年到 2010 年，伴随着低收入常住人口人均享有轨道交通网络资源的份额指数明显上升，社会正义绩效在地域维度和圈层维度的空间分布差异也趋于缩小。

2000 年和 2010 年低收入常住人口人均享有轨道交通网络资源的空间分布格局演化　表 13-2

		2000 年	2010 年
地域维度	浦西	36.08	138.81
	浦东	20.94	113.87
圈层维度	内环内	71.67	253.75
	内中环	35.80	150.00
	中外环	9.60	91.57
	外环外	5.12	83.50

在地域维度，浦东地区和浦西地区的低收入常住人口人均享有轨道交通网络资源均有提高，浦东和浦西的增长速度分别为 5.4 倍和 3.8 倍，浦东的增长速度显著快于浦西地区。2000 年浦西的低收入常住人口人均享有轨道交通网络资源是浦东的 1.72 倍，2010 年已下降低到 1.22 倍，表明低收入常住人口人均享有轨道交通网络资源在地域维度的差距是明显缩小了。

在圈层维度，尽管 2000 年和 2010 年各个圈层的低收入常住人口人均享有轨道交通网络资源都呈现内高外低的圈层分布格局，从 2000 年到 2010 年，各个圈层的低收入常住人口人均享有轨道交通网络资源均有提高，但增长速度呈现外环外（16.3 倍）＞中外环（9.5 倍）＞内中环（4.2 倍）＞内环内（3.5 倍）的内低外高的特点，因而各个圈层之间差距趋于缩小。

13.2　2013 年轨道交通网络分布和就业岗位分布的空间匹配

城市轨道交通网络分布不仅要考虑常住人口分布，还需考虑就业岗位分布。基于 2013 年第三次经济普查的就业岗位分布数据，统计分析表明，就业岗位密度分布和轨道交通网络服务水平分布也呈现较高的正相关关系，Pearson 相关性为 0.686，在 0.01 水平上显著。这表明，就业岗位密度较高的空间单元拥有较高的轨道交通网络服务水平。

采用轨道交通网络分布和常住人口分布的社会公平绩效的相同评价方法，可以得到 2013 年上海中心城区轨道交通网络资源在就业岗位中分配的基尼系数为 0.410。可见，轨道交通网络分布与常住人口分布和就业岗位分布都是相关的，2013 年轨道交通网络分布和就业岗位分布之间的空间匹配程度与 2010 年轨道交通网络分布和常住人口分布之间的空间匹配程度较为接近。

基于洛伦兹曲线（图 13-1、表 13-3），可以考察轨道交通网络服务水平在上海中心城区就业岗位中分配依旧存在一定差异。在人均享有轨道交通网络资源较少的就业岗位中，10% 的常住人口仅享有 0.4% 的轨道交通网络资源，20% 的常住人口仅享有 3.6% 的轨道交通网络资源，30% 的常住人口仅享有 8.4% 的轨道交通网络资源；在人均享有轨道交通网络资源较多的就业岗位中，10% 的常住人口享有 29.2% 的轨道交通网络资源，20% 的常住人口享有 45.2% 的轨道交通网络资源，30% 的常住人口享有 58.1% 轨道交通网络资源。

研究表明，就业岗位人均享有轨道交通网络资源的区位熵极高的空间单元可以分为三种类型。第一类空间单元是城市商务和商业中心所在地区，包括静安寺街道、徐家汇街道、湖南路街道、天平路街道、新虹街道等；第二类空间单元是对外交通门户所在地区，包括天目西路街道和程家桥街道等；第三类空间单元是大型产业园

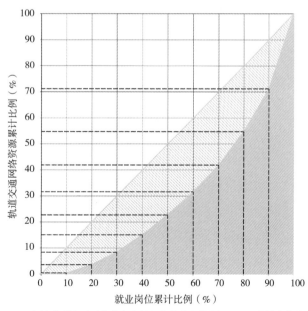

图 13-1　测度轨道交通网络分布和就业岗位分布的空间匹配程度的洛伦兹曲线

等比例就业岗位人均享有轨道交通网络资源的累计比重   表 13-3

就业岗位累计比例（%）	轨道交通资源累计比例（%）
10	0.4
20	3.6
30	8.4
40	15.1
50	22.7
60	31.6
70	41.9
80	54.8
90	70.8
100	100

区所在地区，包括漕河泾新兴技术开发区、外高桥保税区、张江高科技园区等。上述三类空间单元分别是闲暇出行、旅行出行和通勤出行的集聚地区，因而成为轨道交通网络资源分布的重点地区。

研究表明，就业岗位人均享有轨道交通网络资源区位熵极低的空间单元具有的共性特征是无轨道交通网络服务或地均服务水平极低，按照就业岗位密度大致可以分为三种类型：一类是无轨道交通网络服务或地均服务水平极低、就业岗位密度也极低的空间单元，主要集中分布在浦东地区的东北部区域，浦西地区的华泾镇、定海路街道和宝山城市工业园区也属于该类型；另一类是轨道交通网络地均服务水平极低、就业岗位密度较低的空间单元，包括长征镇（南）和金桥出口加工区（北）两个空间单元；还有一类是无轨道交通网络服务或地均服务水平极低、就业人口密度极高的空间单元，包括虹梅路街道（北）和虹梅路街道（南）两个空间单元。就业岗位人均享有轨道交通网络资源区位熵极高的空间单元就业岗位密度均不高，可以分为两种类型：轨道交通网络地均服务水平较高、就业岗位密度较低或极低的空间单元，包括宜川路街道、石泉路街道和周家渡街道，三个均为大型居住区所在地区的空间单元；轨道交通网络地均服务水平中等或较低、就业岗位密度极低的空间单元，包括上钢新村街道、东明路街道、浦兴路街道和三林镇四个大型居住区所在地区的空间单元，张江镇（中）和新江湾城街道两个新建的大型居住区，以及花木街道是居住区和公共服务中心所在地区的空间单元，高行镇是居住区和重化产业园区所在地区的空间单元,新虹街道是对外交通枢纽所在地区的空间单元,高东镇(西)尚有大量未开发地区。从空间单元的主导功能类型上看,大型居住区所占比重较高,这类空间单元往往常住人口密度较高,就业岗位密度较低,职住空间失配情况较为严重。

13.3　值得探讨之处和未来研究展望

最后需要指出的是,在城市公共服务设施分布的社会绩效评价和分析领域,依然存在许多值得探讨之处,这也正是未来研究工作需要重点关注的。其一,社会公平正义的内涵是最为值得关注的,而学界并未达成共识。如前所述,社会公平正义既具有超越时空的普遍价值,但也具有因时因地的具体内容和实现条件,因而是具有时空差异的动态理念。由此,城市公共服务设施分布的社会绩效也始终是一个充满争议的开放性议题。其二,在公共设施的服务水平测度中,采用缓冲区分析法还是网络分析法,取决于相应数据的可获得性。本研究在公共设施的服务水平测度中采用了缓冲区分析法,与实际情况存在一定差距,虽然不会对于研究结果产生根本影响,但如能在获得相应数据的基础上采用网络分析法,则可以使研究结果更为精确。其三,本研究受到人口普查数据和经济普查数据的时空限制,未来可以尝试基于移动互联网的大数据应用(如手机信令),包括居住人口、就业人口、游憩人口和旅行人口等的实时分布,提供多样化的数据来源。其四,公共设施的固定性和服务人口的流动性是公共设施和服务人口之间形成“空间匹配”面临的一个难点,尽管本研究并非涉及这个议题,但在城市公共服务设施分布的公共政策实践中确实需要考虑各类公共服务设施的可调性,以适应服务人口分布的不断变化,而公共服务设施分布的社会绩效评价和分析只是为此提供了研究基础。其五,尽管本研究的公共服务设施分布的社会绩效评价和分析为同一城市的历时性演化研究和不同城市的共时性比较研究提供了方法体系,但受到数据来源和研究基础等的制约,本书仅对2000年和2010年上海中心城区轨道交通网络分布的社会绩效进行相对简单的历时性演化研究。无论是同一城市的历时性演化研究还是不同城市的共时性比较研究,都是未来研究中需要拓展的重点工作。

参考文献

[1] 李强.当代中国社会分层：测量与分析 [M].北京：北京师范大学出版社，2010.

[2] 唐子来，等."包容性发展与城市规划变革"学术笔谈会 [J].城市规划学刊，2016（1）：1-8.

[3] 约翰·罗尔斯.万民法：公共理性观念新论 [M].张晓辉，等译.长春：吉林人民出版社，2001.

[4] 江海燕，周春山，肖荣波.广州公园绿地的空间差异及社会公平研究 [J].城市规划，2010（4）：43-48.

[5] 张建中，尉彤华，华晨.基于区位商数模型的公共设施空间分布公平性研究 [J].华中建筑，2012，30（2）：38-40.

[6] 唐子来.西方城市空间结构研究的理论和方法 [J].城市规划汇刊，1997（6）：1-11+63.

[7] 吴启焰.大城市居住空间分异研究的理论与实践 [M].北京：科学出版社，2001.

[8] 石恩名，刘望保，唐艺窈.国内外社会空间分异测度研究综述 [J].地理科学进展，2015（7）：818-829.

[9] 梁晓声.中国社会各阶层分析 [M].北京：经济日报出版社，1997.

[10] 陆学艺.当代中国社会阶层研究报告 [M].北京：社会科学文献出版社，2002.

[11] 李强.转型时期中国社会分层 [M].沈阳：辽宁教育出版社，2004.

[12] 虞蔚.城市社会空间的研究与规划 [J].城市规划，1986（6）：25-28.

[13] 许学强，胡华颖，叶嘉安.广州市社会空间结构的因子生态分析 [J].地理学报，1989（4）：385-399.

[14] 孙斌栋，吴雅菲.中国城市居住空间分异研究的进展与展望 [J].城市规划，2009（6）：73-80.

[15] 郑静，许学强，陈浩光.广州市社会空间的因子生态再分析 [J].地理研究，1995（2）：15-26.

[16] 祝俊明.上海市人口的社会空间结构分析 [J].中国人口科学，1995（4）：21-30.

[17] 刘冰，张晋庆.城市居住空间分异的规划对策研究 [J].城市规划，2002（12）：82-85+89.

[18] 顾朝林，C·克斯特洛德.北京社会极化与空间分异研究 [J].地理学报，1997（5）：3-11.

[19] 顾朝林，王法辉，刘贵利.北京城市社会区分析 [J].地理学报，2003（6）：917-926.

[20] 冯健，周一星.北京都市区社会空间结构及其演化（1982-2000）[J].地理研究，2003（4）：

465–483.

[21] 杜德斌，崔裴，刘小玲.论住宅需求、居住选址与居住分异 [J].经济地理，1996（1）：82–90.

[22] 吴启焰.城市社会空间分异的研究领域及其进展 [J].城市规划汇刊，1999（3）：23–26+79.

[23] 王兴中.中国城市社会空间结构研究 [M].北京：科学出版社，2000.

[24] 姜巍，高卫东.居住空间分异——乌鲁木齐市在发展中面临的严峻问题 [J].干旱区资源与环境，2003（4）：43–47.

[25] 吴启焰，任东明，杨荫凯，等.城市居住空间分异的理论基础与研究层次 [J].人文地理，2000（3）：1–5.

[26] 陈果，顾朝林，吴缚龙.南京城市贫困空间调查与分析 [J].地理科学，2004（5）：542–549.

[27] 刘玉亭.转型期中国城市贫困的社会空间 [M].北京：科学出版社，2005.

[28] 吕露光.城市居住空间分异及贫困人口分布状况研究——以合肥市为例 [J].城市规划，2004，（6）：74–77.

[29] 袁媛，许学强.广州市城市贫困空间分布、演变和规划启示 [J].城市规划学刊，2008（4）：87–91.

[30] 胡晓红.转型期西安市城市贫困空间分异研究 [D].西安：陕西师范大学，2010.

[31] 袁媛，吴缚龙，许学强.转型期中国城市贫困和剥夺的空间模式 [J].地理学报，2009（6）：753–763.

[32] 秦红岭.大城市居住空间贫富分异与社会公平 [J].现代城市研究，2006（9）：81–84.

[33] 徐琴.制度安排与社会空间极化——现行公共住房政策透视 [J].南京师大学报(社会科学版)，2008（3）：26–31.

[34] E·博登海默.法理学——法哲学及其方法 [M].邓正来，姬敬武，译.北京：华夏出版社，1987.

[35] Hayek F A.法律、立法与自由.第二、三卷 [M].邓正来，张守东，李静冰，译.北京，中国大百科全书出版社，2000.

[36] 汪丁丁.经济学思想史讲义 [M].上海：上海人民出版社，2012.

[37] 俞可平.重新思考"平等"、"公平"和"正义" [J].学术月刊，2017（4）：5–14.

[38] 景天魁，等．社会公正理论与政策 [M]．北京：社会科学文献出版社，2004．

[39] 龚群．追问正义：西方政治伦理思想研究 [M]．北京：北京大学出版社，2017．

[40] 汪丁丁．新政治经济学讲义 [M]．上海：上海人民出版社，2013．

[41] 约翰·罗尔斯．正义论（修订版）[M]．何怀宏，何包钢，廖申白，译．北京：中国社会科学
出版社，2009．

[42] 王元华，张铭．对西方近代社会契约论思想的再思考 [J]．理论导刊，2005（5）：35-37．

[43] 阿马蒂亚·森．正义的理念 [M]．王磊，等译．北京：中国人民大学出版社，2013．

[44] 米勒．社会正义原则 [M]．应奇，译．南京：江苏人民出版社，2008．

[45] 孙锐．对程序正义与实体正义之冲突关系的质疑 [J]．政法论坛，2007，25（1）：177-180．

[46] 唐娟，侯伊莎．分配正义的两种理论：结果正义和程序正义 [J]．特区实践与理论，2003（1）：
30-33．

[47] 黄有光．福利经济学 [M]．周建民，等译．北京：中国友谊出版公司，1991．

[48] 王桂胜．福利经济学 [M]．北京：中国劳动社会保障出版社，2007．

[49] 桑德尔．正义：一场思辨之旅 [M]．乐为良，译．台北：雅言文化，2011．

[50] 桑德尔．自由主义与正义的局限 [M]．万俊人，等译．南京：译林出版社，2011．

[51] 廖申白．《正义论》对古典自由主义的修正 [J]．中国社会科学，2003（5）：126-137．

[52] 俞可平．社群主义 [M]．北京：中国社会科学出版社，1998．

[53] 罗伯特·诺齐克．无政府、国家与乌托邦 [M]．何怀宏，等译．北京：中国社会科学出版社，
1991．

[54] 麦金太尔．谁之正义？何种合理性？[M]．万俊人，等译．北京：当代中国出版社，1996．

[55] 张秀．多元正义与价值认同 [M]．上海：上海人民出版社，2012．

[56] 查尔斯·泰勒．自我的根源：现代认同的形成 [M]．韩震，等译．南京：译林出版社，2012．

[57] 沃尔泽．正义诸领域：为多元主义与平等一辩 [M]．褚松燕，译．南京：译林出版社，2002．

[58] 约翰·罗尔斯．作为公平的正义：正义新论 [M]．姚大志，译．北京：中国社会科学出版社，
2011．

[59] 汪毅霖．基于能力方法的福利经济学：一个超越功利主义的研究纲领 [M]．北京：经济管理出
版社，2013．

[60] 尼格尔·泰勒．1945 年后西方城市规划理论的流变 [M]．李白玉，等译．北京：中国建筑工业
出版社，2006．

[61] 曹现强，张福磊．空间正义：形成、内涵及意义 [J]．城市发展研究，2011（4）：125-129．

[62] 爱德华·W．苏贾．寻求空间正义 [M]．高春花，等译．北京：社会科学文献出版社，2016．

[63] 何雪松．空间、权力与知识：福柯的地理学转向 [J]．学海，2005（6）：44-48．

[64] 李春敏．大卫·哈维的空间正义思想 [J]．哲学动态，2012（4）：34-40．

[65] 任平．空间的正义——当代中国可持续城市化的基本走向 [J]．城市发展研究，2006（5）：1-4．

[66] 钱玉英，钱振明．走向空间正义：中国城镇化的价值取向及其实现机制 [J]．自然辩证法研究，2012（2）：61-64．

[67] 陆小成．空间正义视域下新型城镇化的资源配置研究 [J]．社会主义研究，2017（1）：120-128．

[68] 茹伊丽，李莉，李贵才．空间正义观下的杭州公租房居住空间优化研究 [J]．城市发展研究，2016（4）：107-117．

[69] 何舒文，邹军．基于居住空间正义价值观的城市更新评述 [J]．国际城市规划，2010（4）：31-35．

[70] 张京祥，胡毅．基于社会空间正义的转型期中国城市更新批判 [J]．规划师，2012（12）：5-9．

[71] 邓智团．空间正义、社区赋权与城市更新范式的社会形塑 [J]．城市发展研究，2015（8）：61-66．

[72] 庄立峰，江德兴．城市治理的空间正义维度探究 [J]．东南大学学报（哲学社会科学版），2015（4）：45-49+146．

[73] 王佃利，邢玉立．空间正义与邻避冲突的化解——基于空间生产理论的视角 [J]．理论探讨，2016（5）：138-143．

[74] 吴志强．《百年西方城市规划理论史纲》导论 [J]．城市规划学刊，2000（2）：9-18．

[75] 张庭伟．规划理论作为一种制度创新——论规划理论的多向性和理论发展轨迹的非线性 [J]．城市规划，2006（8）：9-18．

[76] 张庭伟，Richard LeGates．后新自由主义时代中国规划理论的范式转变 [J]．城市规划学刊，2009（5）：1-13．

[77] 何明俊．西方城市规划理论范式的转换及对中国的启示 [J]．城市规划，2008（2）：71-77．

[78] 姜涛．关于当前规划理论中"范式转变"的争论与共识 [J]．国际城市规划，2008，23（2）：88-99．

[79] 王丰龙，刘云刚，陈倩敏，等．范式沉浮——百年来西方城市规划理论体系的建构 [J]．国际城市规划，2012（1）：75-83．

[80] 孙施文，王富海．城市公共政策与城市规划政策概论——城市总体规划实施政策研究 [J]．城市规划汇刊，2000（6）：1-6+79．

[81] 娄永琪．规划公正的维度及社会伦理分析 [J]．规划师 2002（7）：8-11．

[82] 马武定．城市规划本质的回归 [J]．城市规划学刊，2005（1）：16-20．

[83] 孙施文.城市规划不能承受之重——城市规划的价值观之辨 [J]. 城市规划学刊，2006（1）：11-17.

[84] 冯维波，黄光宇.公正与效率：城市规划价值取向的两难选择 [J]. 城市规划学刊，2006（5）：53-57.

[85] 王勇，李广斌.对城市规划价值观的再思考 [J]. 城市问题，2006（9）：2-7.

[86] 陈锋.在自由与平等之间——社会公正理论与转型中国城市规划公正框架的构建 [J]. 城市规划，2009（1）：9-17.

[87] 冯雨峰.程序公平兼顾结果公平——城市规划师社会公平观 [J]. 规划师，2010（5）：76-79.

[88] 唐子来.迈向可持续发展的城乡规划转型 [DB/OL].http：//www.tjupdi.com/academic-forum-detail-pW8c7jK2h00FMeb7.aspx.

[89] 郑中元，马云生.城市交通公平性与轨道交通 [J]. 交通科技与经济，2009（1）：47-50.

[90] 陆丹丹，张生瑞，郭勐.城市交通公平性分析及对策 [J]. 交通科技与经济，2008，10（2）：103-105.

[91] 谢雨蓉，陆华.社会弱势群体面临的交通公平问题及对策 [J]. 综合运输，2008（9）：36-38.

[92] 吴玲玲，朱雪梅，江海燕.国外交通公平分析理论方法述评 [J]. 规划师，2014（11）：108-113.

[93] 潘海啸，施澄.效率与公平——交通可达性与社会公平问题思考 [J]. 交通与港航，2016（4）：1.

[94] 戢晓峰，欧思嘉，陈方，等.快速城市化地区公共交通的空间剥夺特征研究 [J]. 交通运输系统工程与信息，2015，15（6）：33-38.

[95] 张振龙.基于社会公平的苏州城市公共交通设施布局研究 [A]// 中国城市规划学会.新常态：传承与变革——2015中国城市规划年会论文集（05城市交通规划）[C]. 北京：中国建筑工业出版社，2015.

[96] 唐子来，江可馨.轨道交通网络的社会公平绩效评价——以上海市中心城区为例 [J]. 城市交通，2016（2）：75-82.

[97] 唐子来，陈颂.上海市中心城区轨道交通网络分布的社会正义绩效评价 [J]. 上海城市规划，2016（2）：102-108.

[98] 金远.对城市绿地指标的分析 [J]. 中国园林，2006（8）：56-60.

[99] 尹海伟，孔繁花，宗跃光.城市绿地可达性与公平性评价 [J]. 生态学报，2008（7）：3375-3383.

[100] 尹海伟，徐建刚.上海公园空间可达性与公平性分析 [J]. 城市发展研究，2009（6）：71-76.

[101] 陈雯，王远飞.城市公园区位分配公平性评价研究——以上海市外环线以内区域为例 [J]. 安徽师范大学学报（自然科学版），2009（4）：373-377.

[102] 高怡俊 . 上海市中心城区公共绿地空间分布的社会效益研究 [D]. 上海：同济大学，2010.

[103] 周春山，江海燕，高军波 . 城市公共服务社会空间分异的形成机制——以广州市公园为例 [J]. 城市规划，2013（10）：84-89.

[104] 杨贵庆 . 城市公共空间的社会属性与规划思考 [J]. 上海城市规划，2013（6）：28-35.

[105] 江海燕，周春山，高军波 . 西方城市公共服务空间分布的公平性研究进展 [J]. 城市规划，2011，35（7）：72-77.

[106] 顾鸣东，尹海伟 . 公共设施空间可达性与公平性研究概述 [J]. 城市问题，2010（5）：25-29.

[107] 王远飞 . GIS 与 Voronoi 多边形在医疗服务设施地理可达性分析中的应用 [J]. 测绘与空间地理信息，2006（3）：77-80.

[108] 陶海燕，陈晓翔，黎夏 . 公共医疗卫生服务的空间可达性研究——以广州市海珠区为例 [J]. 测绘与空间地理信息，2007（1）：1-5.

[109] 张莉，陆玉麒，赵元正 . 医院可达性评价与规划——以江苏省仪征市为例 [J]. 人文地理，2008（2）：60-66.

[110] 车莲鸿 . 上海市医院规模和布局建设现状分析与评价研究 [D]. 上海：复旦大学，2012.

[111] 赵民，林华 . 居住区公共服务设施配建指标体系研究 [J]. 城市规划，2002（12）：72-75.

[112] 张建中，华晨，钱伟 . 公共设施分布公平性问题初探 [J]. 规划师，2003（9）：78-79.

[113] 高军波，周春山，叶昌东 . 广州城市公共服务设施分布的空间公平研究 [J]. 规划师，2010（4）：12-18.

[114] 周春山，高军波 . 转型期中国城市公共服务设施供给模式及其形成机制研究 [J]. 地理科学，2011（3）：272-279.

[115] 唐安静 . 上海市外来人口社会空间结构及其演化的研究（2000-2010）[D]. 上海：同济大学，2010.

[116] 曾当，郑芷青，刘钉 . 广州市区公园游人特征分析 [J]. 广东林业科技，2010，26（4）：51-55.

[117] 陆涵 . 人口老龄化加速背景下的城市规划应对思考 [A]. 中国城市规划学会 . 城市时代，协同规划——2013 中国城市规划年会论文集（08- 城市规划历史与理论）[C]. 北京：中国城市规划学会，2013：8.

[118] 王欢，李宏，常俊丽，等 . 老年人对城市公园绿地的需求规律与特征探析 [J]. 金陵科技学院学报，2009，25（4）：52-56.

[119] 古旭 . 上海城市公园游客结构、行为与需求特征及其影响因素研究 [D]. 上海：华东师范大学，2013.

[120]　景晓芬. 空间隔离及其对外来人口城市融入的影响研究 [D]. 杨凌：西北农林科技大学，2013.

[121]　陈明嘉，周想玲，田玲. 湖南省某三级甲等综合医院医疗服务半径分析 [J]. 湘南学院学报（医学版），2015（3）：58−61.

[122]　张芳. 从社区就医人群及病种看社区卫生服务的作用 [J]. 中国城乡企业卫生，2008（2）：55−56.

[123]　Ottensmann J R. Evaluating Equity in Service Delivery in Library Branches[J]. Journal of Urban Affairs，1994，16（2）：109−123.

[124]　Delbosc A，Currie G. Using Lorenz curves to assess public transport equity[J]. Journal of Transport Geography，2011，19（6）：1252−1259.

[125]　Sassen S. The Global City：New York，London，Tokyo[M]. Princeton：Princeton University Press，1991.

[126]　Fainstein S，Gordon I，Harloe M（Ed.）. Divided cities：New York & London in the contemporary world[M]. Oxford：Blackwell，1992.

[127]　Hamnett C. Social polarisation in global cities：theory and evidence[J]. Urban Studies，1994，31（3）：401.

[128]　Marcuse P，Van Kempen R. Globalizing cities：a new spatial order?[M]. Oxford：Blackwell Pub，2000.

[129]　Bourdieu P，Nice R. Distinction：a social critique of the judgement of taste[M]. Cambridge：Harvard University Press，1984.

[130]　Park R，Burgess E. The City [M]. Chicago：University of Chicago Press，1925.

[131]　Hoyt H. The Structure and Growth of Residential Neighborhoods in American Cities[M]. Washington DC：Government Printing Office，1939.

[132]　Harris C，Ullman E. The Nature of Cities[J]. Annals of the American Academy of Political & Social Science，1945，242（1）：7−17.

[133]　Shevky E，Williams M. Social Areas of Los Angeles Analysis and Topology[M]. Los Angeles：University of California Press，1949.

[134]　Shevky E，Bell W. Social Area Analysis[M]. Stanford：Stanford University Press，1955.

[135]　Berry B，Rees P. The Factorial Ecology of Calcutta[J]. American Journal of Sociology，1969，74（5）：445−491.

[136]　Wilson W. The truly disadvantaged：the inner city, the underclass, and public policy[M]. Chicago：University of Chicago Press，1987.

[137] Tang Z, Batey P. Intra-urban Spatial Analysis of Housing-related Urban Policies : The Case of Liverpool, 1981-1991[J]. Urban Studies, 1996, 33 (6) : 911-936.

[138] Garewal R. Social Polarization and Role of Planning-The Developed and Developing World[C]. The 42nd ISoCaRP Congress, 2006.

[139] Delang C, Lung H. Public Housing and Poverty Concentration in Urban Neighbourhoods : The Case of Hong Kong in the 1990s[J]. Urban Studies, 2010, 47 (7) : 1391-1413.

[140] Rawls J. Justice as Fairness [J]. Philosophical Review, 1958, 67 (2) : 164-194.

[141] Jackson B. The Conceptual History of Social Justice[J]. Political Studies Review, 2005, 3 (3) : 356-373.

[142] Rosen F. Classical Utilitarianism from Hume to Mill[M]. New York : Routledge, 2003.

[143] Roemer J E. Eclectic distributional ethics[J]. Politics, philosophy & economics, 2004, 3 (3) : 267-281.

[144] Martha C. Nussbaum. Capabilities, Entitlements, Rights : Supplementation and Critique[J]. Journal of Human Development and Capabilities, 2011, 12 (1) : 23-37.

[145] Friedmann J. Planning in the Public Domain : From Knowledge to Action[M]. Princeton : Princeton University Press, 1987.

[146] Fainstein S. The Just City[M]. Ithaca : Cornell University Press, 2010.

[147] Pirie G H. On spatial justice[J]. Environment and Planning A, 1983, 15 (4) : 465-473.

[148] Faludi A. A Reader in Planning Theory[M]. Oxford : Pergamon Press, 1973.

[149] Krumholz N. A Retrospective View of Equity Planning Cleveland 1969-1979[J]. Journal of the American Planning Association, 1982, 48 (2) : 163-174.

[150] Krumholz N, Forester J. Making equity planning work : Leadership in the public sector[M]. Philadelphia : Temple University Press, 2011.

[151] Metzger J T. The theory and practice of equity planning : An annotated bibliography[J]. Journal of Planning Literature, 1996, 11 (1) : 112-126.

[152] Fainstein S, Fainstein N. City planning and political values : an updated view. Campbell S, Fainstein S (Eds). Readings in Planning Theory[M]. Oxford : Blackwell Publishers, 1996 : 265-287.

[153] Hague C. A Review of Planning Theory in Britain[J]. Town Planning Review, 1991, 62 (3) : 295-310.

[154] Healey P, Mcdougall G, Thomas M J. Planning theory : prospects for the 1980s : selected papers

from a conference held in Oxford, 2–4 April 1981[M]. Oxford : Pergamon Press, 1982 : 5–22.

[155] Innes J E. Planning theory's emerging paradigm : communicative action and interactive practice[J]. Journal of planning education and research, 1995, 14（3）: 183–189.

[156] Fainstein S. New directions in planning theory[J]. Urban affairs review, 2000, 35（4）: 451–478.

[157] Teitz M B. Toward a theory of urban public facility location[J]. Papers in Regional Science, 1968, 21（1）: 35–51.

[158] O'Hare M. "Not on my block you don't" —facilities siting and the strategic importance of compensation[R]. Cambridge : Laboratory of Architecture and Planning Massachusetts Institute of Technology, 1977.

[159] Hansen W G. How accessibility shapes land use[J]. Journal of the American Institute of planners, 1959, 25（2）: 73–76.

[160] McAllister D M. Equity and efficiency in public facility location[J]. Geographical Analysis, 1976, 8（1）: 47–63.

[161] Krumholz Norman. Making Equity Planning Work : Leadership in the Public Sector[M]. Philadelphia : Temple University Press, 2011.

[162] Talen E. Visualizing fairness : Equity maps for planners[J]. Journal of the American Planning Association, 1998, 64（1）: 22–38.

[163] Garrett M, Taylor B. Reconsidering social equity in public transit[J]. Berkeley Planning Journal, 1999, 13（1）: 6–27.

[164] Wu B M, Hine J P. A PTAL approach to measuring changes in bus service accessibility[J]. Transport Policy, 2003, 10（4）: 307–320.

[165] Holzer H J, Quigley J M, Raphael S. Public transit and the spatial distribution of minority employment : Evidence from a natural experiment[J]. Journal of Policy Analysis & Management, 2003, 22（3）: 415–441.

[166] Litman T. Evaluating Transportation Equity : Guidance for Incorporating Distributional Impacts in Transportation Planning[R]. Victoria : Victoria Transport Policy Institute, 2006.

[167] Manaugh K, El–Geneidy A. Who Benefits from New Transportation Infrastructure? Evaluating Social Equity in Transit Provision in Montreal[C]. 57th Annual North American Meetings of the Regional Science Association, 2010.

[168] Delbosc A, Currie G. Using Lorenz curves to assess public transport equity[J]. Journal of Transport Geography, 2011, 19（6）: 1252–1259.

[169] Welch T F. Equity in transport : The distribution of transit access and connectivity among affordable housing units[J]. Transport policy, 2013, 30 : 283-293.

[170] Sigal Kaplan, Dmitrijs Popoks, Carlo Giacomo Prato, Avishai (Avi) Ceder. Using connectivity for measuring equity in transit provision[J]. Journal of Transport Geography, 2014 (5): 82-92.

[171] Lucy W. Equity and planning for local services[J]. Journal of the American Planning Association, 1981, 47 (4): 447-457.

[172] Wicks B, Crompton J. Citizen and Administrator Perspectives of Equity in the Delivery of Park Services[J]. Leisure Science, 1986, 8 : 341-365.

[173] Talen E. The social equity of urban service distribution : An exploration of park access in Pueblo, Colorado, and Macon, Georgia[J]. Urban geography, 1997, 18 (6): 521-541.

[174] Lineberry R L. Equality, public policy and public services : The underclass hypothesis and the limits to equality[J]. Policy & Politics, 1975, 4 (2): 67-84.

[175] Wolch J, Wilson J P, Fehrenbach J. Parks and park funding in Los Angeles : An equity-mapping analysis[J]. Urban geography, 2005, 26 (1): 4-35.

[176] Boone C G, Buckley G L, Grove J M, et al. Parks and people : An environmental justice inquiry in Baltimore, Maryland[J]. Annals of the Association of American Geographers, 2009, 99 (4): 767-787.

[177] Knox P L. The intraurban ecology of primary medical care : patterns of accessibility and their policy implications[J]. Environment and planning A, 1978, 10 (4): 415-435.

[178] Haynes R, Bentham G, Lovett A, et al. Effects of distances to hospital and GP surgery on hospital inpatient episodes, controlling for needs and provision[J]. 1999, 49 (3): 425-433.

[179] Christie S, Fone D. Equity of access to tertiary hospitals in Wales : a travel time analysis[J]. Journal of Public Health, 2003, 25 (4): 344-350.

[180] Paez A, Mercado R G, Farber S, et al. Accessibility to health care facilities in Montreal Island : an application of relative accessibility indicators from the perspective of senior and non-senior residents[J]. International Journal of Health Geographics, 2010, 9 (1): 1-15.

[181] Guy C M. The assessment of access to local shopping opportunities : a comparison of accessibility measures[J]. Environment and Planning B : Planning and Design, 1983, 10 (2): 219-237.

[182] Pacione M. Access to urban services—the case of secondary schools in Glasgow[J]. The Scottish Geographical Magazine, 1989, 105 (1): 12-18.

[183] Ottensmann J R. Evaluating Equity in Service Delivery in Library Branches[J]. Journal of Urban Affairs, 1994, 16 (2): 109-123.

图表来源

后　记

　　2014 年 1 月—2017 年 12 月期间，唐子来教授主持了国家自然科学基金面上项目《基于社会公平正义理念的大城市公共设施规划绩效评价方法：以上海城市轨道交通为例》（项目批准号：51378361）。本书涵盖了该项目的研究成果。

　　唐子来教授负责整个项目的研究设计和具体案例研究的指导工作，程鹏、江可馨、陈颂、顾姝、袁鹏洲参与了相关部分的研究工作。作为博士研究生，程鹏既承担了整个项目的研究助理工作，还参与了本书第一部分和第五部分的具体研究工作；作为硕士研究生，江可馨和陈颂参与了本书第二部分（轨道交通网络）的具体研究工作，顾姝参与了本书第三部分（公共绿地）的具体研究工作，袁鹏洲参与了本书第四部分（公共医疗设施）的具体研究工作。如今，这几位研究生已经先后完成学业和踏上社会，正在各自工作岗位上做出专业贡献。

　　如本书所指出的，本研究为公共服务设施分布的社会绩效评价和分析提供了一个方法体系，有助于同一城市的历时性演化研究和不同城市的共时性比较研究。2020 年我国将进行第七次全国人口普查工作，我们期待，充分利用"七普"数据，推进同一城市的历时性演化研究和不同城市的共时性比较研究。

唐子来

2019 年 12 月于同济大学，上海

审图号：沪S（2020）091号

图书在版编目（CIP）数据

大城市公共服务设施分布的社会绩效评价和分析：
以上海中心城区为例 / 唐子来，程鹏著 . —北京：中
国建筑工业出版社，2019.12
国家自然科学基金项目（批准号：51378361）资助
ISBN 978-7-112-24518-5

Ⅰ.①大…　Ⅱ.①唐…②程…　Ⅲ.①城市公用设施—
社会效应—研究—上海　Ⅳ.① TU998

中国版本图书馆 CIP 数据核字（2019）第 283576 号

责任编辑：杨　虹　尤凯曦
书籍设计：康　羽
责任校对：王　烨

国家自然科学基金项目（批准号：51378361）资助

大城市公共服务设施分布的社会绩效评价和分析

以上海中心城区为例

唐子来　程鹏　著

＊

中国建筑工业出版社出版、发行（北京海淀三里河路9号）
各地新华书店、建筑书店经销
北京雅盈中佳图文设计公司制版
北京富诚彩色印刷有限公司印刷

＊

开本：787毫米×1092毫米　1/16　印张：12¼　字数：212千字
2020年9月第一版　2020年9月第一次印刷
定价：85.00元
ISBN 978-7-112-24518-5
（34917）